天下文化
BELIEVE IN READING

科學文化 234

宇宙裡的微光

一位天文學家探尋星空與自我的生命之旅

The Smallest Lights in the Universe

A Memoir

by Sara Seager

莎拉・西格 ——— 著

廖建容 ——— 譯

這是一部非小說類作品。我盡可能根據記憶如實描繪。
能夠查證的事實，都透過二次文獻查證過。
少數人的姓名經過更動，以保護個人隱私。

序言

獨自存在的流浪行星

不是所有的行星都會繞著恆星公轉。有些行星不屬於太陽系。它們獨自存在，一般稱之為流浪行星（rogue planet）。

由於流浪行星不附屬於恆星，所以它們在太空中沒有固定的位置，也不按照任何軌道運行。流浪行星四處遊蕩，在無窮盡的星海裡漂流。它們和恆星不同，既不發光、也不發熱。PSO J318.5-22 是天文學家發現的流浪行星，它像是一艘無舵的船，現在正不太順暢的穿越銀河，四周則是永恆的漆黑。它的表面不斷遭到風暴襲擊。PSO J318.5-22 的表面可能有大量液體降落，但降下的不是水；漆黑天空所降下的，很可能是熔化的鐵。

一般人很難想像，宇宙中竟然有在黑暗中降下液態金屬的行星，但流浪行星並不是虛構出來的，它們並不是人類的想像或幻想，而是由像我這樣的天體物理學家，在天體圖中發現它們真實的存在。光是在銀河系，可能就有數以兆計的其他系外行星（圍繞著太陽以外的恆星運行的行星），環繞著銀河系的數千億顆恆星運行。但在那幾乎無限大、有著完美秩序，以及數不盡的推力和拉力之間的虛空裡，確實還有一種沒有方向的行星：流浪行星。PSO J318.5-22 就和地球一樣真實。

在有些日子裡，我早上起床後會分不清，自己究竟是地球、還是流浪行星。

●

一天早晨，因為聽到兩個兒子傳來的隱約笑聲，我只好百般不情願的離開溫暖的被窩。麥克斯今年八歲，亞力克斯六歲，他們正看著窗外，臉上露出開心的笑容。那天是一月的某個週末，晴空萬里，前晚降下的一層薄薄白雪覆蓋了大地。我們終於等到了一片雪白的大地，可以去玩雪橇，那是全家人最喜愛的娛樂活動之一。麥克斯和亞力克斯草草吃完早餐，然後開始穿上連身雪衣。我們把塑膠雪橇塞進車子裡，然後開車到不遠的納修塔克山（Nashawtuc Hill）的山頂。

這座山是麻州康科德（Concord）的人氣景點。它的坡夠陡，雪橇的滑行速度夠快，連大人都覺得刺激。有時候那裡的人會很多，但在早上就沒有這個問題。地上的雪其實還不夠多，還看得見一些冒出來的草。為了兩個兒子，我試著假裝滑雪橇應該很好玩。但我心裡其實並不這麼想。我這輩子一直在黑暗中尋找光亮；現在，我的眼中只有光亮旁的漆黑。不過，既然已經來到了山頂上，就讓孩子們試著滑下山去吧。

山頂上還有兩位女性，她們正愉快的聊著天，她們的孩子在一旁玩在一起。她們的樣子很美，美到讓我很不爽。我冷冷的看著她們，心想：誰會想要在星期天早上化這麼美的妝？她們看起來像是廣告傳單上的幸福樣板人物。

麥克斯的年紀夠大，可以自己滑下山坡。即使他的雪橇不時會撞到露出雪地的雜草，但他的體重足以讓他一路向下滑，不受阻礙。亞力克斯就沒有得到物理原理的支援，他的雪橇不斷停下來。他有幾次試著向下滑，但最後還是放棄了。看到哥哥一路飛馳到山腳，讓他很不是滋味。亞力克斯卡在斜坡的中間點，噘著嘴生悶氣。他沒有哭，只是躺在地上賴皮。假如他玩不成，其他人也別想玩。

那兩位女性其中一位大聲問我，可不可以把亞力克斯帶走，亞力克斯擋在坡道中間，她怕亞力克斯會受傷。我知道亞力克斯必須離開那裡。但此時的我身心俱疲，我最好的計畫無法順利進行。我沒有心情接受像她這麼漂亮的女人的指令，也沒有心情接受任何人的指令。我瞪著她，搖搖頭。

她用同樣的話再問了我一次。

「不行，」我說，「他遇到了問題。」

她露出微笑，幾乎到笑出來的程度。「哦，好吧，」她說，「我是說，那個——」

我不理她。

「不過那個斜坡——」

我大聲回她：「他遇到了問題。我先生死了。」

當你悲痛欲絕時，你看大多數的人都不順眼。沒有人知道該對你說什麼話，或是該怎麼與你互動。人們對你的身分有點害怕，我猜，在某種程度上，你也開始希望他們如此。人們與你保持的距離是一種尊重的表徵：你的悲傷會為你清空四周的空間。你開始渴望得到影響他人舉動的能力。你的哀傷是一種超能力，你的悲傷是你最突出的特質。你開始渴求空間。

我以為那個女人會很震驚。我以為她會開始退卻。沒想到，她做了一件非常奇怪的事。她露出微笑，眼睛透出光采。她變成了火爐，散發出溫暖。

「我先生也是。」她說。

我感到非常錯愕。我想我有問她，她先生過世多久了。「五年。」她說。我先生剛過世六個月。我心想：她已經忘了喪夫之痛的感覺。她好大的膽子，竟然敢嘲笑我。

我有一股很強的衝動，想要離開那裡，回到床上，獨自承受液態鐵暴風的襲擊。但麥克斯正玩得起勁。在你被撕成兩半的時候，你才會發現自己是多麼孤獨。你需要找方法解決無解的問題。我決定帶兒子回家拿 iPad，然後再折返，這樣亞力克斯就可以坐在車子裡玩 iPad，而麥克斯也能夠繼續玩雪橇。希望到那個時候，那個女人已經離開了。

當我們回來時，她還在。即使在最佳狀況下，我也不擅長與美麗的人交朋友，而那時我的狀況一點也不好。我不知道接下來該怎麼辦。我試著站在離她很遠的地方，此時我對她更加反感了。但我的策略沒有生效。她開始朝著我走過來，我覺得很窘，她怎麼那麼不識相？難道她不知道，她應該讓我一個人清靜嗎？但這次她的態度略有不同，她的舉措變得比較慎重，感覺像是不想把我嚇跑。她依然對著我微笑，不過她的笑意比較收斂了。

她手裡拿了一張紙條，上面寫著她的名字「瑪麗莎」，還有她的電話號碼。她說，在康科德有一個同齡寡婦團體。她談起這個團體的態度，好像她們是某種恐怖的巡演雜技團，她們的名稱應該用粗體字表示：**康科德的寡婦姊妹淘**。她說，她們五個人不久前才第一次碰面，幫助彼此接受新的身分：成為被拋下的那個人。她說，我應該參加她們下次的聚會。然後她帶著溫暖的微笑，回去找她的朋友。

我將是第六名成員。我站在山頂上，算了一下機率。在這麼小的一個地方（康科德的人口不到兩萬），竟然有這麼多年輕寡婦，這個機率非常不合理。（我曾對瑪麗莎說過同樣的話：「那幾乎是不可能的事。」）然後我想起前一年的夏天，當我打電話到麥克斯和亞力克斯的夏令營，告訴團長，孩子的爸爸已經處於臨終狀態。結果團長說，那並不會造成太大的問題。他說：「我們已經習慣了。」當時，他的淡定讓我非常訝異，但我現在知道他為何如此淡定了。康科德的孩子喪父的比例比其他的地方更高，而且長大後往往變成遊手好閒的小混混。

我把瑪麗莎的紙條放在外套口袋裡。我每天會把紙條掏出來看，確認它真實存在。我很怕會把電話號碼弄丟，但我也很害怕打這通電話。我從來不會遇過和我相似的人；當我變成某個特殊族群的一分子之後，就更沒有理由遇見同類了。我不希望當我真的和那些寡婦碰面後，發現她們和我有很大的差異。幾個月前，我在當地報紙的分類廣告欄看到了一個寡婦團體的廣告。我打電話過去，但接電話的人拒絕讓我加入，她說，她們的團體是為年長寡婦成立的，不是為年輕寡婦。她給我一種感覺，好像我很奇怪一樣。在喪夫之痛依然椎心刺骨的時候，你很難想像世上有人能明白你的感受。然而，就在我居住的小鎮，有一小群女性能完全理解我正在經歷的事情，因為她們也正在經歷這個過程。每當我拿出那張紙條時，我覺得自己彷彿站在風暴中，手裡拿著最後一根尚未使用的火柴。

經過一個星期之後，我才有勇氣打電話給瑪麗莎。那時，紙條已經皺巴巴的了。

電話撥通了，瑪麗莎接起電話。她問我最近好不好。已經很久沒有人敢問我那個問題了，而我不知道該如何回答。

「還好，」我說，「不太好。」

瑪麗莎告訴我，「康科德的寡婦姊妹淘」不久之後要辦派對，她問我想不想參加。

「想，很想。」我說，「你們何時聚會？」

瑪麗莎沒有立刻回答我。

「情人節。」

目次

第一章

觀星者誕生

我在十歲時，第一次真正看見星星。我基本上是個都市孩子，所以不太常有機會體驗真正的黑暗。多倫多的街道就是我全部的世界。我的父母在我很小的時候就離異。哥哥、妹妹和我經常自己玩、自己搭地鐵，並在巷弄裡探險。有時候，保母的年紀比我們大不了多少。其中一個保母名叫湯姆，有一次，他請我父親帶我們去露營。

我父親，大衛・西格（David Seager）博士一點也不覺得露營好玩。所有的加拿大人一得空就往「鄉村度假村」（cottage country）跑，心甘情願在週末塞在通往城外的車陣中，只為了體驗些許充滿神聖氛圍的湖泊與樹木。但父親是英國人，他在週末通常仍會繫上領帶；對他來說，睡在森林裡是動物才會做的事。

但湯姆肯定有三寸不爛之舌，因為就在他提議後不久，全家人就驅車往北走。我們去到距離多倫多三、四個小時車程之外的省級公園「好回聲」（Bon Echo），它有一小部分落在安大略省裡。好回聲涵蓋了一長串美麗的湖泊，在綠樹的襯托下，湖水看起來幾乎是黑色的。那裡還有白色的湖濱，以及粉紅色的花崗岩懸崖（它是跳入湖水的完美地點，你爬到你能忍受的最高點，然後從那裡跳入冰冷的湖水裡），還有厚厚一層鋪在松林地上的紅色松針葉。好回聲是我去過最美的地方。

或許是因為周遭缺少了我熟悉的都市噪音，我在那天夜裡難以入睡。我和哥哥與妹妹睡在帳棚裡，中間放著行李箱，權充床邊桌。（一如往常，父親讓我們自己整理攜帶的衣物用品。我們根本不知道，人們去露營時通常不會使用行李箱。）我哥和我妹發出了孩子酣睡的聲音。

傑瑞米是三兄妹當中年紀最長、個子最高的人。他只比我大一歲，但他正值青春期，很愛管我和妹妹，總是在日常生活裡向我們發號施令。茱莉亞是三兄妹當中年紀最小的，她的眼裡總是散發出光采，既活潑又漂亮，人見人愛。我在各方面都落在中間，個子小，個性沉默。傑瑞米和茱莉亞是金髮碧眼，而我有棕色的頭髮和淡褐色的眼睛，相形之下顯得很不起眼。不過，我是那天晚上唯一打開視野的人。

我拉開帳棚的拉鏈，低著頭走出帳棚，進入漆黑的夜色，走到沒有樹木遮蔽的地方。

然後我抬起頭。

我的心彷彿停止了跳動。

多年後的今天，我依然記得自己當時的內心悸動。那天看不見月亮，但星星非常多，有數百顆，或許數千顆，就在我的頭頂上。我無法想像，世界上怎麼可能有如此美麗的事物，我也納悶，為何從來沒有人告訴我世上有這般景色。我肯定是這個世界上第一個看見夜空的人，我肯定是人類歷史上第一個有勇氣走到戶外，抬頭仰望天空的人。否則，天上的星星必定是世人話題的焦點，也必定是人們在孩子出生後、一睜開眼時，就迫不及待想讓他看的東西。我站在那裡盯著星空，可能只經過幾秒鐘的時間，但感覺像是過了好幾個小時。年幼的我知道怎麼在大城市和破碎家庭的一團混亂中存活，現在卻是人生中第一次窺見真正的神祕世界。

滿天星斗使我有一種招架不住的感覺，那裡蘊含了太多的學問，我一時難以承接吸收。我逃回帳棚裡，靠在沉睡中的妹妹身邊，蜷縮身子，試著回歸現實，再度成為十歲的孩子，聽著酣睡的妹妹發出的規律呼吸聲。

•

我的父親住在多倫多市郊的住宅區，那裡全是排列整齊的公寓及平房。我的母親是作家兼詩人，她與我的繼父住在分租公寓裡，位於名叫南安內克斯（South Annex）的舊市區。他們的家裡堆了一大堆舊報紙，以及好幾隻以文學作品角色命名的貓。

我和其他同齡的孩子並不熟，因此我並不知道我們家和別人家有多大的差異。當我心情好的時候，我會告訴自己，我們還挺幸運的，沒有觀念守舊的家庭束縛。我後來相信，自由非常寶貴，不論你從哪種方式獲得它。而我們三兄妹擁有的是一種幾乎不可能存在的自由，它使我們成為今天的樣子：傑瑞米是護理師；茱莉亞是豎琴家；我是天體物理學家。但是，當我回顧小時候的生活，我覺得我們能活下來幾乎是奇蹟，尤其當我看著我的兒子，他們現在和我們當年差不多大。我們那時明明只是幼獸，卻和成年的熊一起到處跑。

我們剛搬到安內克斯時，我的父母還沒有離異，住的地方離城鎮很遠，上的是附近的蒙特梭利學校。後來全家搬進城裡，不知為何，我們還是在原來的學校就讀。我們去學校要花一個小時通勤，搭兩班公車和一段地鐵，還得在人來人往的車站和月台等待很長的時間，換下一種交通工具。當時傑瑞米八歲，我七歲，茱莉亞五歲。大人先帶我們幾個星期，接下來，我們就開始每天自己上學。

當傑瑞米存夠零用錢，他會買一包酸奶洋蔥洋芋片，讓我們三個人省吃儉用的慢慢分享。直到現在，每當我聞到酸奶洋蔥的味道，就會想起那段搭巴士和地鐵的日子。我們無聊的時候，就看報紙打發時間。我們看的報紙有時是大人丟棄的，有時是趁著大人從報紙販售箱買報紙時，在門關上前偷拿的。我覺得那是一種正向的行為。我們是現代教育家口中「觀念先進」的人。

有一天，茱莉亞在巴士站牌旁邊的泥水坑跌倒，這個事件使我們接下來回家的路變成艱辛的旅程。茱莉亞在搭巴士時一路哭個不停，當我們在地鐵站等車時，她還在哭。一位女士注意到她的情況，於是帶她到洗手間幫她把身上的髒汙清理乾淨。那位女士弄了很久，傑瑞米站在洗手間外等候，而我在洗手間內外來回跑，告知傑瑞米最新情況。

現在回想起當時的情景：一位女性看到三個不到八歲的孩子獨自行動，其中一個還渾身是泥，哭哭啼啼的，我想，那個情況如果發生在今天，大人應該會打電話報警吧。不過，那時的情況是，在我們搭上進城的地鐵之前，一位陌生人用單純的善行安撫了我的妹妹。

我還有一些受創較深的記憶。我的繼父是個兇惡的人，他有點像是童話故事裡內心黑暗的壞人。他不會對我造成身體上的傷害，但他有時會變得極度冷酷，他的情緒起伏很大，喜怒無常。我總是戰戰兢兢的，深怕一個不小心就惹他生氣。

我們出門上學時，繼父和我母親通常還在睡覺。我們會自己隨便吃一點早餐，再隨便準備一點午餐帶到學校。繼父沒有工作，母親靠寫作其實也賺不了什麼錢。父親曾告訴我，他猜我們一家人全靠他給的子女撫養費過日子。母親和繼父後來生了一個女兒，日子從此變得更拮据，使我不得不懷疑，我們六個人是不是真的靠父親付的子女撫養費度日子。茱莉亞和我原本共用一個擁擠的小房間，現在還要加上小寶寶。有好幾個月的時間，小寶寶因為腸絞痛整夜哭個不停，天亮之後，她又會因為房間的光線太亮而醒來。小房間的窗戶朝東，不論我怎麼哀求母親，請她裝上窗簾，她就是不理我。因此只要天一亮，我就必須起床照顧小寶寶。

九歲時的某天早上，我決定不要陪茱莉亞一起上學。（我們不再去上那所蒙特梭利學校，但仍然要走一公里多的路到新學校。）茱莉亞那時七歲。我當時只有幾個不太熟的朋友，那天我想和其中一個一起上學，不想讓茱莉亞當跟屁蟲，因此我要茱莉亞自己想辦法去學校。結果，她沒有走比較安全和安靜的街道，而是沿著大馬路走，後來到了一個人潮特別擁擠的路口，有個情緒不穩的女人對著茱莉亞大吼，還拿她的包包打茱莉亞。茱莉亞嚇得尖叫求救。過了很久，才有人來解救她。一位女士從附近的房仲辦公室走過來幫忙。接下來的幾天，學校有好幾個老師來問我，發生了什麼事。得知經過之後，他們驚訝的說：「不會吧，竟然讓可愛的茱莉亞受這種罪！」

「你要倒大楣了。」我一回到家，繼父就對我大吼。我不記得他確切說了些什麼，我只記得，當我閉上眼睛，聽到的是：你是個壞孩子。你在想什麼？你太不負責任了。你是個不知感恩的孩子，你讓我非常生氣。

我知道我應該照顧妹妹。但當時我只是個九歲的孩子。那天夜裡，在半夜哭著醒來的人是我。

●

我們的週末會和父親一起過，他最初住在公路旁邊的公寓裡。對我來說，那兩天就像是可以不被恐懼籠罩的假期。父親在週末下午會睡午覺，為平日的睡眠不足補眠。在這段時間，我和哥哥與妹妹會在公寓裡玩，大多是玩我們自己發明的遊戲。有一天下午，我們跑到陽台去。父親住在十八樓，那是我們到過最高的地方。因此我很自然想到，要把各種物品從欄杆向外丟，看著那些物品墜落。我們丟的不是什麼很重的東西：像是梳子、洋娃娃。地心引力是一種重力，所有的東西從十八樓丟下去，都會加速下墜。我們看著投擲物向下墜落，緊張的等著聽見它落地的聲音，同時學到一點關於加速度的物理學以及音速的概念。然後我們會搭電梯下樓，把東西撿起來，到樓上再向下丟一次。

父親睡醒看見我們在做什麼之後，非常的生氣。他說，我們有可能會砸傷別人，而且我們不應該自己跑到公寓外面去。我根本不知道有這種規定，當然也就不知道要去遵守。後來我得知，許多科學家其實都做了不少頑皮胡鬧的事，而他們的頑皮事蹟通常預告了未來的研究領域。例如，化學家小時候會有一段時間很愛玩火；生物學家可能對青蛙的內臟結構特別好奇；而物理學家則是喜歡從高處丟東西。

我父親雖然不喜歡我們做的實驗，但他是個以身作則的人。他住的第一間公寓不是為家庭而設計的，因此我們必須睡在拼湊的床上，但至少不用擔心怪眼白貓「羅生克蘭與吉爾登斯登」（Rosencrantz and Guildenstern）會在衣服上撒尿。有一天早上，我在收拾我和妹妹一起蓋的毯子時，不小心扯破了一條聚酯纖維材質的橘色毯子。在平時，我如果做出這種粗心大意的事，一定會被繼父教訓。由於受到繼父的長期制約，我那天發現自己把毯子扯破之後，立刻開始歇斯底里的大哭。

父親不懂我為什麼這麼難過，覺得我的反應似乎太小題大作。遺憾的是，他沒有對我的過當反應多做聯想。他聽過我們抱怨繼父的事，但我認為，他以為我們和其他父母離異的孩子一樣，只是出於本能的討厭繼父。在當下他並不覺得，這個受到驚嚇的小女孩因為把一條廉價的毯子扯破而害怕不已，有什麼好奇怪的。

我永遠忘不了他接下來做的事。他把那條毯子拿在手裡，對著淚汪汪的我，在我面前把扯破一半的毯子徹底撕成兩截。他想要教我一個道理：有些事情很重要，但有些事一點也不打緊。但在當時，我體會的是另一個道理：你所處的位置可以改變一切。

●

在成長過程中，我和父親變得愈來愈親近。我覺得他總是能理解我的想法。他是家庭醫生，他的診所在北方小鎮萬錦市（Markham）是個不可或缺的存在，他的工作非常忙碌。萬錦市後來慢慢發展成為城市，而我父親依然是當地的重要人物。他的事業慢慢發展，愈來愈大，他後來搬到北部郊區的平房裡，對我來說，那裡就像是天堂。和他在一起的時候，我才能暫時得到解救；週末是我終於能夠喘一口氣的時候。

我的父親覺得我有點異於尋常，他認為我的腦子和其他的孩子不太一樣。他有時候會擔心我太嚴肅，沒有笑容；有一次當我們一起看舊照片時，他指著一張照片給我看，讓我明白他的意思——我的眼神悲傷而茫然，彷彿在注視著一個別人看不見的東西。他坦承，他曾經猜想我是不是發展遲緩。數十年後的今天，我會為自己當年那個難以捉摸的眼神貼上一個標籤：自閉症類群障礙。而對我父親來說，不論當時、現在、或其他時刻，我都只是他的女兒，只不過，我的腦袋與其他人稍微有點不同而已。我這輩子花了很長的時間，思索自己感受到的相異性（otherness），並深受它的折磨。但我的父親給了我最棒的禮物，他不需要任何解釋就接受了我。

我還記得，他的朋友有一天來家裡吃飯。那位朋友說，我的內心住著一個老靈魂。父親聽了之後眉開眼笑，知道我的身體趕不上靈魂的成熟度，令他相當開心。他相信輪迴說，他曾說，他曾經猜想我和他是否前世就相識，所以在今生才有如此深的連結。他很確定，我們在來世一定還會找到彼此。

在我十一歲的時候，書本成了我與外界連結的主要管道。當我開始對輪迴的觀念感興趣時，我按照平常的習慣，到圖書館找書來看，了解死後的生命是什麼樣貌。我自己鑽研得到的結論是，人死了以後就什麼都沒有了，但父親告訴我，還有其他的可能性存在。對他來說，這就是為人父該做的事：他的工作就像是導遊，他要帶我領略人生與人類的驚奇之處。他認為我以後應該會和他一樣當醫生，於是他開始為我進行特訓，帶我聽古典樂、讓我看遠遠超出我學力的書。我還記得，他有一次拿了喬治．加莫夫（George Gamow）的《從一到無限大》（*One, Two, Three...Infinity*）給我。我乖乖的讀了，完全看不懂。

不過，他給我的另一本小紅皮書《信念的力量》，倒是讓我留下了印象。父親買了一箱《信念的力量》（*The Magic of Believing*），送給任何願意拿的人。書裡蒐羅了許多故事，探討正向思考的力量。那本書我讀了一遍又一遍。我最喜愛的段落是女孩歐波（Opal）的故事。歐波是奧瑞岡州伐木工人的女兒，但她一直認為自己是法國貴族。大多數的人都覺得她瘋了，但在她二十歲時，有記者拍到她乘在華麗馬車的照片，她確實成為了印度皇室的一員。那本書使我開始相信一種務實的魔法：願景會孕育計畫，計畫會孕育機會。我可以靠意志力，為自己創造更美好的未來。

我在現實世界的生活依然看不見改變的跡象。在我十二歲時，父親讓我就讀聖克萊門特中學（St. Clement's School），這所私立學校是聖公會創立的女子中學。在名義上，我們家是猶太人，因此我不完全符合學校的成立宗旨。聖克萊門特中學唯一一所願意收我的私立學校。其他學校的入學考試我都可以輕鬆過關，但面試卻是另一回事；或許其他的學校認為，我的社交能力不足以融入校園生活。當我回顧那段過去，我想我的問題可能在於，該說話的時候我總是保持沉默。我永遠不知道該說什麼，所以大多數的時候我一句話也沒有說。

我進入聖克萊門特中學後，從七年級開始就讀。學校規定，所有的學生都不能離開校園。但我從六歲開始，就自己一個人在多倫多的街道上遊蕩。學校對面的麵包店總是在呼喚我，而我也不打算讓一些愚蠢的規定阻止我。入學幾個星期之後，我就橫越馬路走到了對面。

在聖克萊門特這樣的學校，我的舉動相當於縱火。在某種意義上，我確實點燃了一場大火。其他的女學生也開始質疑學校設計用來教導我們要守規矩的課程。她們開始在自習室作弊，在黑板上寫誹謗性的文字。（有個女生寫了「耶穌愛你」，學校認為這句話有冒犯意味，但我一直無法理解學校的說法。）校長把我視為叛逆的催化劑，事實很可能也是如此。她不只一次把我叫到辦公室去。「莎拉，」她每次都這麼起頭，「你很聰明，人又長得漂亮，其他的學生都以你為榜樣。你可以把那些特質用在更恰當的地方。」但那個時候的我內心已經起了一些變化，因此我對她的評語覺得很不爽。我為何要按照她的期待去做呢？

當其他家長開始禁止女兒和我說話的時候，我知道我該轉學了。我重回公立學校體系；一、兩年後，我徹底認命，開始和一幫來自這個城市各種角落的中輟生鬼混。我們之間的消息流傳得很快，會在晚上隨便約在某個地鐵月台碰面，一起殺時間。這幫青少年算不上朋友，但有兩個年紀稍微大一點的女生很同情我，她們參加派對時永遠會帶著我。她們會取笑我穿的衣服，然後再借她們的漂亮衣服給我穿。我像個跟屁蟲一樣跟在她們後面，試著設法體會她們對彼此的感覺。（就算被她們取笑，也比我在學校遭到同學作弄好受多了。）我們這幫人像水銀一樣，在城市的各個角落流竄。這群青少年很愛喝酒，也有很多人在嗑藥。我只有在週末是我父親的女兒，平日仍然和母親與繼父一起住，因此，在那五個晚上，我盡量不出現在母親與繼父的視線範圍內。

在一九八六年冬天尾聲到一九八七年春天那段期間（那時我十五歲），南部的天空出現了一顆新星。名叫 Sanduleak -69° 202 的藍超巨星在大麥哲倫星雲（Large Magellanic Cloud）爆炸，大麥哲倫星雲是銀河系旁的一個小型衛星星系。Sanduleak -69° 202 是近四百年來最接近地球的超新星，也是現代天文學家首次有機會親眼見證恆星的死亡與誕生。它距離地球十六萬八千光年，不過，你不需要望遠鏡就能看見它：從二月發現它，一直到亮度達到最高峰的五月，你都可以觀察到它。一直要到它的光亮消失後，天文學家才能確認，原來 Sanduleak -69° 202 是一顆失蹤的恆星，我們看到的是它最後的身影，又稱 1987A 超新星。

某個星期天下午，我本來應該和同校的幾個女生一起去溜冰。結果我臨時放她們鴿子，跑到多倫多大學參加超新星的新發現發表會。在一群穿西裝的男性當中，有個人突兀的穿著牛仔褲。原來他就是發現1987A超新星和其環圈的天文學家。全場有兩千人來聽他演講。現場鴉雀無聲，發現超新星的精采過程讓我聽得入神，並深深著迷。原來，只需要一顆自我毀滅的恆星，就能再度點燃我在好回聲體驗到的驚奇感受。

我在那年夏天過十六歲生日。我和那幫青少年一同搭乘渡輪前往多倫多群島，試著消磨時間，度過另一個永無止境的無聊夜晚。然後，我看見有艘船的光照向了另一邊，我意識到，我想搭的其實不是現在坐的這艘船，而是那艘。從此以後，我不再和那幫青少年鬼混。接下來，我在加拿大博覽會的嘉年華遊戲攤位找到工作，攤位玩的遊戲是永遠抓不到的塑膠魚。我在酷熱與人潮中工作了三個星期，賺到了四百美元。然後，我用所有的錢買了一個四吋反射式天文望遠鏡。

我把望遠鏡放在父親家。在接下來的那個冬天，我通常會利用週末到空曠的停車場觀星。父親通常會一邊發抖、一邊站在旁邊陪我。我們呼出的氣息在寒冷的天氣裡，形成了白白的霧氣。

我到現在還清楚的記得，我們發現木星那個晚上的情景。

把焦點拉回地球。我的父親決定開創事業的第二春：植髮。儘管他在內科領域非常成功，但他一直很喜歡重新開始的感覺，也就是打造另一個基礎，然後慢慢建立事業。我覺得他的新事業是個苦樂參半的世界。植髮無法挽救任何人的性命，但父親的新患者成了他最忠實的粉絲。多年來，那些患者承受著壓力和不安全感，以及不想要、卻又無法避免的結果。現在有個人向他們承諾，可以幫助他們重建他們的頭髮，以及他們失去的一切。

早期的頭髮重建技術其實相當野蠻。那些絕望的男人必須要忍受頭皮某些區域重新移植數百個毛囊。手術有可能帶給他們更多傷害，在治療之後，他們的情況也有可能變得比原來更糟。「獵槍疤痕」是常見的副作用。我的父親想要更進步，迫切希望技術更為精進，他的強項是進行一種讓外觀看起來更真實的單毛囊移植，總共要移植數千個毛囊。他嘗試過每一種先進的方法（他是最早使用雷射技術的一批人，後來因為發現雷射反而會灼傷毛囊，就放棄了雷射技術），即使他做得再好，也從來不滿意自己的成果。看似合理的髮線似乎不該是世界上最難達成的目標，但自然是無法模仿的，而我父親對專業技術與患者的奉獻精神，深深的影響了我。那是他無意造成、但最有意義的身教。他拒絕將現況視為不可改變的事實，這對我相當有啟發性。

在好幾所高中各待了一段短暫時間之後，我最後落腳在賈維斯中學（Jarvis Collegiate Institute）。這所公立高中座落於市中心，以數學和科學教育聞名。它在各方面都非常多元，學生涵蓋了來自世界各地的移民，程度好和混日子的人，天資聰穎和程度落後的人統統都有，組成分子多元到令人眼花繚亂。這所學校非常適合獨來獨往的人。學生沒有歸屬於任何群體的壓力，因為大家對於怎樣才是最酷從來沒有定論。我並不覺得，需要與他人連結的壓力解除了。我得到的釋放是，我再也不需要把人際連結這件事放在心上。

有一天，我一如往常獨自走路上學，穿越多倫多大學的兩個校區（鋪著石地板的舊校區，以及鋪著草地的新校區），我看到告示牌上寫著，全校的科系在那個週末對外開放參觀。於是我在星期六再度造訪，找到全校最高的那棟大樓，搭電梯上樓來到天文學系。有幾位教授和學生坐在桌子旁，分發資料給參觀者。我當下有一種強烈的印象：天文學不只可以成為興趣，也能成為職業。我下定決心好好讀書。有好成績才能進大學，然後我才能看一輩子的星星。這簡直太神奇了。

所有的學科對來我說都很簡單，只有物理學例外（至少在一開始的時候）。我總覺得，我很難把物理公式應用在現實世界裡；人生的隨機與混亂似乎無法用公式來解釋。至少，對我的人生來說是如此。有一天，物理老師給我們每個人一個小型螺旋彈簧。他在教室的另一頭放了一塊板子，板子上挖了一個洞。他要我們計算出彈簧的力常數，然後利用虎克定律和運動方程式，找出完美的角度讓彈簧朝著板子運動，並穿過板子上的洞。

我們每個人都要嘗試。大約有三分之一的人成功了。（我很懷疑，到底有多少人利用了虎克定律，而有多少人是憑運氣成功的。）我計算出答案，並再三檢查驗算。輪到我時，我一量好角度就釋放彈簧。當我看到我的彈簧以完美的弧度橫越教室，直直的穿過那個洞時，驚訝得目瞪口呆。

●

高中最後一個學年開始時，我除了拿到課表之外，還意外的收到了三個信封。我打開第一個信封，裡面的信上說，我在前一個學年的總成績為全校最優秀，在三百多位學生當中名列第一。其他兩個信封是學科獎。我從來不知道學校有頒發學業獎項，因為我從來沒領過獎，而且總是翹掉頒獎的集會。幾天後，我們在禮堂集合。我是學校樂隊的成員，而樂隊要在頒獎前奏樂。每次司儀叫到我的名字時，我就必須放下長笛，走上台去領獎。我覺得有點尷尬，甚至有點不好意思，因為我面前的樂譜很快就被一小疊獎狀淹沒了。

有個以前一起參加派對的朋友（現在已經沒有聯絡），在頒獎典禮結束後跑來找我。他說：「我不知道你這麼聰明。」我到現在彷彿還能聽見他用憤怒、自負、又帶著困惑的態度對我說這些話。他曾經想當我的男朋友，但我對他沒有感覺。或許他覺得對我說這些話可以報復我。

「我也不知道我這麼聰明。」

我想，我應該對自己的成就感到開心或自豪，但我並沒有特別開心或自豪，而是以邏輯看待此事：我贏得獎項，是因為我在那個學科得到了最高分。這很有道理。對我來說，比較沒有道理的事情是，我第一次想要得到好成績，結果就拿到了最高分。我並沒有全力以赴或專心致志。我只是決定要用功一點而已。這實在沒什麼道理。要拿到最好的成績，應該要更困難一點才對。

我父親比我還要開心，直到我再次告訴他，我不想當醫生。自從參觀過多倫多大學的天文學系之後，我就堅定的告訴父親，我將來要當天文學家。當我在下一個週末去看他時，他用嚴厲的態度向我說教。在平常，我們往往覺得週末的時間過得很快，但那個週末是少數幾個度日如年的例外。

「你必須找工作養活自己，」他說，「還有，絕對、不要、依賴、任何、男人。」在我看來，父親對於我未來職業的堅持，其實有點諷刺。一位靈媒曾告訴我父親，他有一天會成為家喻戶曉的人物。到了一九九〇年代初期，他那不尋常的職業發展，為他贏得了出人意料的名聲：西格植髮中心。即使在他過世十年之後，植髮中心的廣告招牌依然無所不在。父親把他的成就歸功於《信念的力量》。但是事關女兒的未來時，他就不想向命運挑戰了。

仰賴抽象概念的事業不可能成功，他如此斥責我。「這個世界要的是證據。」這句他幾乎是用吼的。「這個世界要的是證明。」他說的話從我的左耳進，右耳出。木星對我更有說服力。

●

知名舞台劇《戀馬狂》（*Equus*）的主角是個有戀馬狂的男孩。這個男孩接受了精神科醫師馬丁・迪沙（Martin Dysart）的治療。迪沙想透過了解男孩對馬的愛，來了解這個男孩。迪沙對這份愛感到相當困惑：

世界上的各種現象都有可能令孩子著迷。他這裡聞聞、那裡吸吸，眼睛在無盡的範圍內搜尋。突然間，有個東西打動了他。為什麼？各個時刻像磁鐵一樣聚集在一起，形成一道枷鎖。為什麼？我能探查出那些時刻，若有時間，我甚至能將它們拆解開來。但它們一開始（只有在特定的人生時刻才會，其他的時刻不會）為何互相吸引、聚集在一處，我並不知道。

我也能探查出我所熱愛的事物。至於為何是星星，而不是馬、男生或曲棍球？我不知道，我不曉得。或許是因為星星處於黑暗的對立面，處於兇惡繼父（可憐我那身陷險境的妹妹）的對立面。星星代表光明和可能性。它是科學與魔法的交會點，通往遼闊世界的窗口。它給了我希望：或許有一天我會找到正確答案。

但我的熱愛不只如此。當我想到星星，我幾乎可以感受到一股實質的拉力。我不想只是看星星，我想要認識它們，每一顆星星，多如海沙的星星。銀河系裡的數億顆恆星照亮了不可勝數的天空，而我想要沐浴在它們的光亮裡。對我來說，星星代表的不只是虛無縹緲的可能性，而是可能實現的機率。在地球上的機率對我可能不利，但你的所在之處可以改變一切。自古至今，每顆星星都代表了另一個機會，能讓我置身於另一個人類從未造訪過的地方。

第二章

改變軌道

世界之巔距我們有數千里，而我連一寸都尚未得見。向前的每一步都是全新的發現。我感覺有一陣電流通過我的全身，那是對於未知世界的亢奮。

根據我們那張皺巴巴的地圖所描繪的界線，我們仍處於薩斯克其萬省（Saskatchewan）北部。對我來說，那些界線一點意義也沒有，因為要在遠遠超出人類尺度的規模中理出秩序，完全是徒勞無功的事。地圖裡的薩斯克其萬是個巨大的四方形，但我們的所在之處難以透過傳統幾何圖形來辨識。能幫助我們找到方向的地標、十字路口、標示急轉彎等等的交通號誌這裡都沒有，眼前只有一望無際的岩石、樹木和河流，就像時間般無窮無盡的向四周延伸。

那是一九九四年的六月，我剛拿到多倫多大學的數學與物理學學士學位。過去兩年的暑假，我在距離多倫多市不遠的大衛・鄧拉普天文台（David Dunlap Observatory）實習。我的工作是觀測星星，根據它們的亮度加以分類，其他的時間則用來閱讀真皮裝訂的天文學典籍，那些書是我用梯子從書架高處取下來的。我也對荒野深感興趣，我會在星空下划獨木舟，滿天星斗就和我在好回聲初次見到的星空一樣。我決定要在哈佛研究所的繁重課業開始之前放個長假，進行一趟終生難遇的旅程：在加拿大北部的偏遠荒野，展開兩個月的獨木舟之旅，航向森林的彼方。

大學訓練出來的專注與紀律，把我青少年時期最後一絲的散漫也消除殆盡。但我依然焦躁不安，偶爾還是會四處神遊或遊蕩。我永遠不滿足於眼前的世界。我永遠想要更多。我的生命歷程再次讓一本書改變：《睡夢中的島嶼》（*Sleeping Island*），作者有一年夏天暫時拋下波士頓的教職，乘獨木舟探索巴倫區（Barren Lands）的荒野。那本書使我開始做夢，夢想一趟壯闊的旅程。大四的寒假我一直泡在圖書館裡，研讀各種地圖，以及一百年前在微弱提燈下寫成的探險故事。北極圈的深褐色大地呈現一種超越凡塵的景致，那裡的水域和陸地所占的比例幾乎差不多。放眼夏季北方的永晝半夜，湖泊似乎比星辰還要多。

為了幫自己的冒險之旅做好準備，我加入了多倫多的荒野獨木舟協會（Wilderness Canoe Association）。有一個週末，我需要搭便車去參加滑雪活動（協會在等待河水融化期間所規劃的活動），協會會員麥可．韋瑞克（Michael Wevrick）讓我搭他的便車。當我到達和麥可約定的地點時，我已經遲到了，我看到他坐在老舊的車子裡，正在讀一本有點破舊的書。他留著大鬍子，頂著蓬亂的紅髮，埋首於書中。我幾乎看不見他的臉。我唯一能看見的臉部特徵是他的眼睛，那雙眼睛和冬季的天空一樣藍。

我們花了大約五個小時的車程，一同抵達安大略省薩德伯里附近的基拉尼省立公園（Killarney Provincial Park）。我們這群人打算滑雪穿越森林，樹木像陡峭地勢上的山羊一般緊緊相依。麥可說，他覺得我很會滑雪。我覺得他的滑雪技術不怎麼樣，尤其是當他決定早早結束，到附近的提姆・霍頓（Tim Hortons）咖啡店去吃甜甜圈的時候。那時我還想繼續滑到天黑。

在那之後大半個月，麥可一再打電話給我，試著說服我再次和他一同去冒險。他大概每個星期打兩通電話給我，我每次都拒絕了他。我認為我知道他所了解的我是個什麼樣的人（我真的很會滑雪），我也看得出他對我有意思。在長途駕車的過程中，我們倆天南地北無所不聊，而且都熱愛戶外活動。但我們之間僅此而已。那是否代表我們會一同消磨更多時光？其實在那個時候，我對於讓其他人陪伴的接受程度，最多只到「忍受」而已。除非有很好的理由，否則我不會讓新朋友進入我的人生。

我對麥可有一點點感覺，但並不是電影裡那種天雷勾動地火般的強烈情感。一點點感覺是否足以讓他進入我的生命？我不這麼認為。再說了，我在暑假結束後就要離開多倫多。就在我們前往基拉尼滑雪那天，哈佛的天文學系接受了我的研究所入學申請。這段戀情還沒開始就要結束，談這種戀愛實在沒有什麼意義。

「你想一起去滑雪嗎？」

「不了，謝謝。」

「你想去白山山脈（White Mountains）健行嗎？」

「不想。這不是針對你，是因為我九月就要離開這裡，而且我要去的地方離白山山脈更近。」

然後在三月的某一天，麥可打電話告訴我，亨伯河（Humber River）的冰已經融化了：「你想去划獨木舟嗎？」亨伯河流經都市地帶，沿途的景致並不是特別優美，但我熱愛划船更勝一切。麥可終於等到了我的首肯，即使吸引我的是河水，而不是他。

我和麥可在接下來的週末開始利用人造急流（水庫洩洪）來練習泛舟技巧。我們疏於練習，動作又不一致，不到幾分鐘就翻船。我們用的是麥可的破舊獨木舟「老鎮旅者」。我雖然穿了潛水衣，但仍然覺得渾身又濕又冷，而且對麥可有點生氣。當我們回到他家換衣服時，我才發現他已經把鬍子剃光，還理了個小平頭。他這樣好看多了。他脫下潛水衣，身上只剩下一條短褲，肌肉曲線畢露。我心想：哇，他挺吸引人的。我開始想，或許現在開始談戀愛，似乎也不是那麼糟的想法。

我們在那年春天經常一起練習泛舟。我們之間產生一種難以形容的契合，並且開始約會。雖然他在實質上是我的男朋友，但我都稱他為泛舟夥伴。我很高興能找到一起泛舟的同伴。我們每次的約會都包含水上活動，也因此形成一種不交談的默契。我們的話題只繞著河水與湍流打轉，一旦開始划船就不再交談。麥可是編輯，他運用文字的方式就和我研究光的方式一樣。我們都花很長的時間思考，試著讓難以捉摸的東西變得具體。我們發現，我們可以一起孤單（alone together）。

我把我規劃的大膽夏季旅行計畫告訴麥可。我的計畫大多不包含同伴，這個計畫也不例外。但我知道，麥可能夠看見我夢想中的計畫：湍急的河水、未受破壞的森林、杳無人跡的老北步道（Old North Trail）。我的夢想變成了一本故事書，每一章用湖泊命名：卡斯巴（Kasba）、恩納代（Ennadai）、安吉庫尼（Angikuni）、瑙萊（Nowleye）、卡西米爾（Casimir）、馬利特（Mallet）。對我來說，這些當地人與因紐特人（Inuit）取的名字聽起來非常新奇。接下來的幾個星期，麥可一直暗示我，他想要和我一起去探索那些湖泊。我愈考慮，愈覺得我必須向現實做個重要的讓步：認為我可以自己一個人應付這樣的旅程，實在是有點瘋狂。在許多方面，麥可會是個理想的同伴。於是我對麥可說，*你要不要和我一起去？*

有一天晚上，我們暫時放下準備工作，在大雨中外出散步。麥可撐了一把黑傘，為兩人遮雨。在漆黑的夜色裡，雨水傾瀉，麥可劃破雨珠敲擊傘布所發出的聲音，鼓起勇氣說：「我從來不曾和任何人這麼處得來。」我不記得自己是否開口回應他，但我在心裡默默的認同了這句話。我還在學習如何在我那日益開展的情感維度中自處，這樣的改變讓我小小的驚奇了一下。麥可的話讓我的心頗為激動，不論未來會發生什麼事，我對我們的未來充滿期待。我從來不曾有過這樣的感覺，彷彿你突然發現，你的心可以做一些從來沒做過的事。

到北方探險是我的夢想，但用的獨木舟是麥可的老鎮旅者。我們先在相對平靜的河水泛舟，然後向第一個陌生湖泊挑戰。我們來到一個叫做沃拉斯頓（Wallaston）的內海。望著那片令人驚呆的無垠湖面，我不知道我怎麼會認為，我能夠靠自己一個人完成這趟旅程。

橫越沃拉斯頓之後，在旅程的頭兩個星期，我們大多在河裡泛舟。我們向湍急到嚇人的急流挑戰。我們時常覺得，不是我們決定要往哪裡去，而是河流決定要帶我們往哪裡走。剛融化的河水水量非常充沛，我們常被吸進急流裡，沒有能力脫離。當你在這種人跡罕至的地方乘著一條小船行動，你必須格外小心謹慎。就算你喊叫得再大聲，也沒有人會聽見。假如你失去了你的獨木舟，就幾乎不可能找回來了。

我們經常遇到不適用獨木舟的巨大湍流。在那些時候，我很喜歡看著麥可研究前方的河水散發的蒸氣。我很佩服他總是能冷靜的做出決定。我們背著數十公斤重的裝備，沿著河岸拖著獨木舟前進。我們覺得這是最名副其實的旅行，我們經過的每一寸土地都是辛苦征服來的。薩斯克其萬省的北部充滿了粗獷原始之美。蛇形丘上有許多白雲杉，以及先前的訪客遺留的垃圾：護火圈、錫罐、舊靴子，以及在陽光照射下幾乎變成銀色的馴鹿骨骸。我們從未遇見任何一個活生生的人，倒是碰上數百萬隻黑蒼蠅。

許多地方都有火燒過的痕跡，四周煙霧瀰漫，空氣中散發著燃燒的氣味。我們無從判斷，北極南部地區的年度森林大火究竟是才剛開始、還是即將結束，以及我們正在接近、還是遠離危險。我們知道現在正有森林大火，但看不出來它發生在何處，只能根據煙霧飄散的神祕模式，來判斷森林大火的所在之處。

在接近逆流而上之旅的尾聲時，我們行經一個大約三十公尺寬的峽谷，進入一種屬性截然不同的煙霧之中。那團煙霧幾乎不透光，彷彿是眼前的一堵牆。我們下了獨木舟，爬上蛇形丘，查看前方的情況。這是我們第一次看見大火本尊，焰舌像噴泉一般向天空伸展。

麥可說：「我想並沒有真正的危險。」我心想，他就是這麼樂觀，經常是樂觀到天真的地步。透過這種一廂情願的想法，即使是最顯然的負面證據，他也能夠忽略。我比較傾向於接受事實與數據的引導。假如我抬起頭看著烏雲密布的天空說，快要下雨了，麥可一定會反駁說，有可能不會下雨。事實證明，我的分析通常是正確的；遺憾的是，這次也不例外。麥可剛發表完充滿希望的言論，附近的樹木就開始燃燒起來。橘紅色的熊熊烈火伴隨著灰黑色的煙，突然從身邊冒出來，感覺像是炸彈爆炸。

此時已經可以聽見樹木燃燒的聲音，像是白噪音的巨大聲響。我很希望我們能像湍急的河水般快速逃離現場，但我嚇得兩腿發軟，動彈不得。那火焰有可能越過峽谷，瞬間將我們吞噬。我想回到獨木舟上，卻無法指揮我的雙腿。麥可盯著我看，我至今仍難以描述他的表情：一半擔心，一半認命。我們兩個人都覺得自己死定了，但同時又努力想像自己還有一線生機。

我們退回樹木稀疏的蛇形丘，待在最高處，準備過人生中可能是最短或是最長的一夜。在北方大地短暫黑夜的微光中，我從帳篷向外望，心中抱著一線希望，盼望煙霧會在半明半暗的夜色中逐漸消散。森林大火產生了非常濃的煙霧，我幾乎呼吸不到空氣。我覺得我們應該會在睡夢中窒息而死，我們的骨骸最後會與馴鹿的骨骸混在一起。不知怎麼的，我還是睡著了，並且做了非常生動的夢。在夢裡，我們醒來之後，發現有幾處悶燒的小火苗散布在各處。當我從夢中醒來時，發現風向已經變了，煙霧變少了，幾小時之後，火都熄滅了。麥可和我用前所未有的速度收好露營用品，然後向最後一段峽谷進發。河水水位低得令人抓狂。我們必須拖著獨木舟涉水而行，這段路走起彷彿永無止境。最後，終於抵達冰冷寬廣的卡斯巴湖。在這片一望無際的湖水中，我們感受到一般來說不太可能產生的安全感。

在蛇形丘度過的那一夜，帶給我很深的感觸。我研究的是物理學，物理學是一門建立在邏輯與定律之上的科學。不論是那個時候或是現在，我都知道天氣是由地理和大氣因素決定的。在偶然之下，風向在那天早晨改變了，我們因此保住一命。親眼見證生死幾乎完全取決於無法掌控的力量之後，我學會了謙卑。

我們在卡斯巴湖的漁人小屋暫時停留。方圓百里之內，那裡是唯一的過夜之處，所以我們事先把準備好的補給品寄到小屋。我們把從湖裡釣來的鱒魚煮來吃，並在小屋裡過夜（很開心終於有床可以睡，卻非常厭惡有屋頂擋在頭頂上）。然後向北出發，繼續完成旅程。乘著獨木舟越過極北林區之後，就進入沒有樹木的凍原，那個凍原現在稱作努納武特（Nunavut）。那是我們沒有見過的世界，眼前開始出現一群群活生生的馴鹿，而不再是牠們的骨骸。我們行經因紐特人的墳墓。我們抓到巨大無比的魚，並在布滿石頭的海灘上烤來吃。在旅程中，我們在難以通行的河域不斷前進，有時拖著獨木舟越過巨礫區，遇到湖泊時則興奮的把獨木舟推進水裡，並覺得鬆了一口氣。

麥可和我之間產生了一種默契，因為我們不需要顧慮別人，只需要顧及對方就好。我們都不再戴手錶，太陽就是時鐘。我們肚子餓了就吃，但我們大部分時候都覺得肚子餓。我們累了就睡，也就是說，不餓、不吃東西時，就是在睡覺。幾乎遭我們遺忘的日曆最後終於發揮功能，迫使我們開始回頭往南走，重新回到那看似月球表面的凍原，重新開始看見少許人類活動的蹤跡，以及重新享受樹的遮蔭。

「我決定了，我真的很喜歡樹木。」麥可說。

「我也決定了，我真的很喜歡樹木。」我說。

我們再度回到卡斯巴湖邊的小屋，並且在幾個星期以來頭一次和其他人交談。那些陌生的臉孔清楚鮮明的提醒了我們，這個宇宙遠遠超出獨木舟的世界。因為沒有使用手錶，麥可和我在這趟旅程中失算了一天的時間。我們差一點因此錯過當季最後一班回家的飛機。但我並不覺得慶幸。加入候鳥的遷徙飛行行列，反而讓我覺得非常難過。我很遺憾沒有被迫留在當地過冬，彷彿驚險過關不是好事。我度過了六十天我理想中的完美生活：在一位夢幻伴侶的陪伴下，造訪沒有人見過的地方，心中恰到好處的恐懼感，使我持續感受到隱隱燃燒的生命力。

我沒有體會到天雷勾動地火般的強烈情感，但我陷入了不只一種的愛。

第三章

兩個衛星

那場旅程改變了我。旅行結束後，我不只覺得自己改變了，我甚至覺得自己過去生活的世界變得很陌生。我失去了原本保護著我、防止我撞傷和瘀傷的外殼。過去我覺得不便的事（塞在車陣中、聽見電話鈴聲、忍受別人言不及義的閒聊），現在全變成了惡夢。空氣只要有少許汙染，就會讓我的肺不舒服；待在狹小的空間會使我整個人非常痛苦。儘管哈佛的校園在秋天散發出鄉村的景致，美麗的紅磚建築與轉換顏色的樹木，拼接出完美的畫面，而且劍橋與擁擠的洛杉磯截然不同。但我的精神仍然承受著很大的壓力，天空彷彿變成了壓在我頭頂上的天花板。

我在研究生宿舍只撐了兩個月，就逃到麻州米德爾塞克斯縣的雪莉鎮居住，那裡是個古老的震教徒（Shaker）村落。我找到了一間由十九世紀的馬廄改建成住宅的房子（但不是改建得非常舒適）。它對我來說宛如天堂。房子的對面是個聖誕樹農場，我後來和農場主人貝絲和威爾夫婦變得很熟。那裡有一個可以游泳和划船的池塘。冬天下雪時，我只需要走出家門，就可以越野划雪，而且一划就是好幾個小時。附近還有極為美麗的史夸納庫克河（Squannacook），它有部分河段是非常令人心動的急流，每當下過大雨、河水暴漲之後，我就會去泛舟。

麥可和我在冬天來臨之前開始同居。就像麥可加入我的獨木舟之旅一樣，同居並不在我們的計畫之中。我們讓我們之間的一切順其自然發生。在我們從沃拉斯頓湖開車回家的路上，我先提出了這個可能性。我伸手抓住麥可的手臂對他說：「麥可，搬來波士頓和我一起住。」他的眼眶泛淚，使他的藍色眼睛顯得更藍了，但他沒有回答我。當他思考我們是否可能住在一起時（不論同居多久），一廂情願的樂觀思維就不復存在。

搬到波士頓之後，我非常想念他，而且我產生一種新的感覺：希望有人陪我。我寫信給他，也和他通電話。在我們結束旅行後一個月的某天，麥可告訴我，他失去了在多倫多的工作，他被裁員了。他請的兩個月假期證明了，公司不需要他也運作得很好。他告訴我，他考慮搬回渥太華和母親同住；在我看來，那個想法沒什麼道理。他已經三十歲了。我們為何不能試著同居呢？麥可說不出反對的理由，於是帶著他的獨木舟和超短的短褲，搬來了雪莉鎮。他很快就找到了自由接案的編輯工作，在我家的黯淡燈光下，仔細研讀科學與數學的教科書。他是編輯，工作是努力糾錯。我是研究生，工作是勇於犯錯。

●

一九九〇年代是天體物理學界新發現大爆發的年代。我們使用的工具正不斷追趕上我們的企圖心。功能強大的電腦與衛星愈來愈多，讓我們能夠進行十年前連想都沒想過的運算與測量。在天文學界，永遠有新事物等著我們去做。

一九九五年，也就是我在哈佛的第二年，那個時候的我還有點迷惘，我仍然在尋找研究的方向。美國航太總署（NASA，全稱「美國國家航空暨太空總署」）當時正在打造一個新的衛星，打算叫它「威爾金森微波各向異性探測器」（Wilkinson Microwave Anisotropy Probe, WMAP），目的是用來觀測「大霹靂」（Big Bang）遺留下來的、最古老的宇宙微波背景輻射。我的指導教授很年輕，是保加利亞天體物理學家，名叫迪米塔爾・薩塞羅夫（Dimitar Sasselov），他建議我和他一起參與這項計畫，藉此尋找我的研究方向。他是對的。我們可以一起探測宇宙的起源。在那古老餘輝中，我第一次瞥見了人生的召喚。

大霹靂發生後的三十八萬年，宇宙仍然是一團高溫的白霧，像爆炸的最深處那樣不斷翻騰。那時的宇宙非常熾熱，無法形成原子，質子與電子在白霧中任意漂流，盲目胡亂的到處衝。接下來，宇宙一邊膨脹、一邊冷卻，後來質子與電子終於能夠在碰撞之下結合，形成最早的氫原子，而那些氫原子後來構成了恆星的核心。

宇宙膨脹的速度實在太快，以致有些電子沒有機會與質子碰撞。一般大眾所認為的「真空的太空」其實並不是真空；太空裡除了這些孤單的電子，還有電子散發的能量，以輻射的形式讓我們探測到。（太空人在睡覺時，大約每隔一分鐘就能隔著眼皮，看見那些輻射發出的閃光。）今日，那些殘餘的能量已經非常微弱，不過，太空中仍存在微量的溫差。有了WMAP之後，天文學家就能比對溫差，然後利用差異值來回溯星系的起源，就像火場調查員透過燃燒痕跡來找出起火點一樣。於是天文學家就能判斷星系是何時形成、以及是如何形成的。星系的起源被冰封在時空裡，等著讓我們發現。

一九六〇年代，天體物理學家計算出可能的冷卻率，得出了星系誕生的大概時間。三十年後，我的工作是利用電腦來證實前人的計算是否正確。唯有當我們有能力做出正確的解讀，WMAP測得的溫度才有意義。我的職責是提升數據的精準度。

我從無到有寫出程式，結果在一九六〇年代的估計值與實際的數值之間，發現了微小的不一致：在質子與電子形成氫原子的過程結束後所能接受的時間區間內，有一個幾乎察覺不到的差異。在本質上，那是最佳預測與實際測得數值之間微乎其微的落差。不過，當對象的規模如此龐大，最小的錯誤也會放大成巨大的誤算。我對於宇宙發展進程的里程碑，做出了微小但重要的修正。

或者應該說，科學總是會自我修正，這門學科永遠都在追趕與修正。我的貢獻並沒有使我在一夜之間成為天才，或是變得引人矚目。我只是哈佛的學生，做出了一個重要(但並非意料之外)的修正。除了稍微多明白一點人類如何了解事情的過程之外，我這個人並沒有發生任何變化。天文學界向前邁進的方式，就像麥可和我一步一腳印征服環境惡劣的北方大地一樣：長期而穩健、一點一滴的累積進展。

直到二〇一〇年，WMAP才完成探測工作，我們在一九九〇年代的努力，到這時才開花結果，而現在所了解的事實，至今仍令我驚奇不已。首先，在宇宙誕生的第一兆分之一秒時，這個宇宙經歷了極度快速的擴張。這就是像我這樣的科學家只談大霹靂，而不談大霹靂理論的原因。其次，這個宇宙存在了一百三十七億又五千萬年，而且還持續擴張當中。人類誕生在一個從未熄滅的光輝之中。

●

搬到馬廄屋以及與麥可同居雖然對我很有幫助，我在哈佛的日子有時候依然會感到痛苦。我苦於人際孤立。每所大學的每個科系都有複雜的歸屬系統，而我很清楚，我不屬於其中任何一個系統。我在大學時期就難以融入其他人，儘管教室裡的人很多，大家都很有禮貌，至少我還能拿當地人的身分當擋箭牌。多倫多的安適自在，以及熟悉無比的慣常秩序，使我可以在某種程度上，把熟悉的巴士司機與辦事員視為朋友。然而，我在研究所就難以靠想像力排解孤獨了。我觀察其他同學的互動，如同生物學家觀察猿猴家族的互動一樣。他們會與彼此形成情誼，但我永遠搞不懂該如何、或是該在哪個時間點，與他人建立關係。

我也覺得自己難以投入研究工作。我對星星的熱愛絲毫不減，但研究天體物理學卻讓星星變得遙不可及。我們一直在從事抽象且單調乏味的操練，星光化約為演算。那種感覺就像是，因為熱愛樂高積木而決定就讀建築系，結果卻發現自己一直在研讀建築規範。雖然我每天確實對宇宙有更多一點的了解，但情況依然和我想像的不一樣。

我的這種感覺其實很普遍。天體物理學的進展以光速前進，大多數的學生都無法判斷三到五年後，什麼才是有意義的事。我能夠接受進展逐步發生，但身為學生，在大局中的進展是如此微小，使我難以在任何專案中找到長存的意義。在研究所的第二年，我開始認真考慮放棄。

我夢想去就讀獸醫系。拯救生病或受傷的動物，似乎比探索宇宙在理論上的極限更加務實：有一隻動物本來快要死了，但我的知識和照顧讓牠存活下來。或是，我可以繼續去研究，在大霹靂發生後的第一兆分之一秒，以及其後的一百三十七億又五千萬年，宇宙發生了什麼事。我打電話給父親，尋求他的安慰。他說：「哦，親愛的，這對研究生來說是很正常的事。」但他那機會主義者的本性始終不改。「你知道的，」他用一派輕鬆的語氣接著說，「假如你改變主意，決定要去讀醫學系，我會幫你付學費。」說來或許有些奇怪，但是當我知道，只要我轉換求學跑道，他就願意在我身上投資，這反而幫助我做出決定：現在要回頭已經太遲了。我既然做了選擇，就不該三心二意。我有一種感覺，覺得我要遵從我所學到的物理學：動量是一股強大的力量。

另一股同樣強大的力量則是機遇，好比我在蛇形丘熬過森林大火那夜所發生的事一樣。就在我完成宇宙早期演化的研究工作之際，瑞士的天文學家發現了第一顆公認的系外行星。

天文學家所能做出的最偉大發現，就是證明人類在宇宙裡並不孤單。數百年來，我們一直在尋找類似人類的生物；發現有人類或其他生物居住在另一個地球上，一直是人類的夢想。基於這項理由，巨大的飛馬座 51b（51 Pegasi b）是個重大的發現。在冥王星遭降級之後，飛馬座 51b 是我們發現的第一顆系外行星，它圍繞著類似太陽的恆星運行。它讓人燃起了一線希望。

發現飛馬座 51b 的瑞士天文學家，並沒有真的「看見」這顆系外行星。當然，最理想的情況是，我們能夠親眼看見宇宙中其他生物存在的證據。然而在現實中，對於那些遙遠的星體，我們能取得的最佳照片看起來仍然像是早期的電玩遊戲。以不同的白色色階呈現的幾個像素，就可能代表一整個星系。

這是因為那些星系極為遙遠。若用最快的車速開往最接近太陽的恆星系「南門二」（Alpha Centauri），約需五千萬年。若使用人類最快速的太空船，也要花上七萬年左右。同樣的太空船若要橫越銀河系，大概要花上十七億年。而銀河系只是數千億個星系的其中之一，在它之外還有一個又一個的星系。宇宙並非無限大，但很接近我們想像力的極限。

在我們有能力用肉眼看見某東西之前，必須先在一行行程式碼中找到它，這就是天文學家看見東西的另類方法。我們或許無法望見某個系外行星，看見分布在它表面的蜘蛛網般的城市光點，但我們可以根據太空中某個物體對數據所產生的影響，推測出它的存在。瑞士天文學家運用一個根據「都卜勒頻移」（Doppler shift）發展出來的複雜數學方法，稱作「徑向速度」（radial velocity），發現了飛馬座 51b 對母恆星產生的重力效應，然後推論出它的存在。這就像是你因為發現了大腳怪（Bigfoot）的腳印，而相信大腳怪存在一樣。

如同大腳怪的巨大石膏腳印遭世人嘲笑，徑向速度法也留下許多空間，讓懷疑者駁斥瑞士天文學家的主張。飛馬座 51b 不合理的軌道也同樣令人難以接受——它的「一年」（譯注：也就是軌道週期）只有四天。長久以來，發現系外行星的類似報告都一一遭到推翻。一九六三年，當時在賓州斯沃斯摩爾學院（Swarthmore College）任教的荷蘭天文學家彼得・范德坎普（Peter van de Kamp）宣布，他發現了一顆系外行星。就和瑞士的天文學家一樣，他是從五十八兆公里之外的巴納德星（Barnard's Star）的拉扯現象，推斷出那顆系外行星的存在。多年以後，人們發現那個拉扯，以及巴納德星因拉扯而移動的位置，其實是因為范德坎普換了新的望遠鏡與感光板所造成的。最微小的錯誤放大成了巨大的誤算。

人們對飛馬座51b的看法分為兩個陣營——事實上是三個陣營。一個陣營的人承認這個發現，包括我的指導老師迪米塔爾在內。迪米塔爾當時只有三十五歲左右，是哈佛的新老師，又夠年輕，對信念還有一些熱情。另一個是反對陣營，帶頭的人是相當有戰鬥力的天文學家大衛・布萊克（David Black）。這個陣營的某些人認為，瑞士天文學家發現的不是行星對母恆星造成的效應，而是一種新的恆星脈動；也就是說，母恆星並不是受到拉扯，而是正在膨脹與收縮，比太陽更古老的恆星都會如此。布萊克認為，另一個可能性就是，瑞士天文學家所發現的效應，是一個恆星對另一個恆星造成的影響。或許飛馬座51b是個棕矮星或小恆星，而不是行星。第三個陣營是天文學界的不可知論者。他們認為，那些瑞士天文學家或許發現了一顆系外行星，也或許沒有；飛馬座51b距離地球太遙遠了，所以不論是現在或未來，都不是那麼重要。

迪米塔爾建議我把注意力，以及我那剛嶄露頭角、發現未察覺事物的本領，用來了解系外行星及其可能性，因為這是個剛起步的領域。我喜歡這個主意，因為這代表我接下來要尋找實際、單一且具體的東西，同時把我被迫遊蕩的心思，轉而用於務實的天體物理學研究。宇宙是人類最大的未知領域。況且，我有什麼好損失的呢？我還記得，我當時從馬廄屋的窗戶向外望去，並心想：有何不可呢？

事實上，有許多理由支持我這麼做。在二十五年後的今天，我已經快要忘記、也難以相信，系外行星在當時的爭議性有多大。按照邏輯推論，系外行星是存在的。太陽不可能是宇宙裡唯一有行星繞行的恆星。不過，姑且不論是否有生物存在，我們一直找不到系外行星存在的證據。現在想想，迪米塔爾居然讓一個研究生進行風險如此高、投資報酬率如此低的研究，真是不可思議。我們兩個人不知天高地厚，所以不曉得要怕。

迪米塔爾交給我一支初階電腦程式，這支電腦程式原本是用來研究恆星對彼此的影響：一顆恆星如何為另一顆恆星提供熱能？一顆恆星如何對另一顆恆星的大氣造成影響？迪米塔爾要我改寫程式，以便研究恆星對附近系外行星所產生的影響。在那些離恆星很近、受到輻射照射的巨大行星上，雖然不會找到類似人類的生物，但這些所謂的熱木星（Hot Jupiter）仍然值得了解。我有預感，它們的大氣中藏有值得學習的東西。或許將來有一天，它們的天空能夠幫助我們知道，我們是否找到了另一顆金星、火星或地球。

我所要研究的東西，是天文學界大多數人認為不存在或不感興趣的，而我採取的方式，使我找到的機會變得更不可能，這就像是想證明大腳怪存在，卻不去尋找他本人或是他的足跡，而是去尋找他呼出的氣。當我們連星體都找不到的時候，要如何看見圍繞它的那薄薄一層大氣？有一次我參加研討會，另一所學校的某個學生跑來找我，他低聲問，想不想和他的指導老師談一談。他的老師可以向我解釋，那些瑞士人發現的信號為何不可能代表一個行星。哈佛的一位教授也抱持類似的懷疑看法：我們不可能探測到系外行星，更別提是系外行星的大氣了。我還記得當時有種感覺，覺得其他人似乎在試著解救我，幫我脫離某個邪教。

我待在荒野的經歷以出人意料的方式，使我對其他人的批評免疫，即使那些批評是為了我好。就像肩臂變得愈來愈壯一樣，我的聚焦能力也變得愈來愈強。無人挑戰過的探測任務實在太吸引我，我根本不在乎別人怎麼想。不論是進入哈佛之後產生的所有懷疑，或是讓環境推著走的種種經驗，只要我打定主意，就一定會積極採取行動。我決定和麥可約會，其實也沒有基於任何理由，但我後來聽從自己的內心，邀請他帶著他的獨木舟來波士頓和我同居。我曾經對於是否要繼續研讀天體物理學三心二意，而我現在下定決心，要去了解那全新的未知世界。一旦決定了目的地，我就一定會設法到達那裡。

當我在一九九九年改寫完電腦程式時，天文學家已經又發現了好幾十個系外行星，全都是透過「恆星拉扯」法找到的。它們全都像飛馬座 51b 一樣，質量巨大但軌道週期很短。（行星愈巨大，愈接近母恆星，它的重力效應就愈明顯清晰。）懷疑的聲音依然不少，但駁斥那些懷疑的證據開始愈來愈多，有些證據透露出的跡象令人好奇。在這些變動的趨勢中，我已經準備好要進行論文答辯了。我的主張是，將來有一天，除了系外行星之外，我們還能找到其他更多的東西。我們將能夠看見系外行星的天空發出的光。

我向學校借用菲利浦演講廳來進行博士論文答辯。那個演講廳有一百多個座位，有些座位是在二樓的包廂，每一面牆都給滿滿的書架遮住。我要使用透明片投影機來展示研究成果。在最後一次與迪米塔爾演練時，我試著一片片投影那疊透明塑膠投影片。進行到一半時，我停下來問迪米塔爾，坐在後面的人會不會看不見圖表上的細項。

迪米塔爾笑著說：「莎拉，不會有人坐在後面的。」

報告那天，我很早就到演講廳準備。此時有一些人進來了，後來又來了一批人，接著又有更多人進來。演講廳很快就坐滿了人，只剩下站位。

大家其實有把系外行星當一回事。

●

與此同時，麥可和我繼續過著單純的同居生活。白天我去上學，沉浸在太空和程式的世界裡。回家之後，我不是和麥可去泛舟，就是埋首於成堆的研究論文中。麥可是我的靠山，他使我放鬆下來。他給了我人生中最快樂的時光，讓我的內心長時間感到平靜。麥可和我從來不曾向對方大聲說話；當我回想起那段歲月，我只記得那份靜謐。我們在春天和夏天會去划獨木舟，一樣幾乎沒有任何對話。我們後來又到北方做了幾次長時間的旅行。在家裡的時候，麥可和我仍然用划獨木舟的方式相處：我們的互動並非一直都很平順，因為在某種程度上，我們仍然是兩個天生愛獨來獨往的人，只是雙方努力設法找到自然形成的共同步調。我們在平日各忙各的工作，到了週末就一起投入共同的興趣，像是健行、越野滑雪，以及在麻州、新罕布夏州與佛蒙特州划獨木舟。我們仍對彼此的契合感到有點意外，而對彼此愈來愈認真這件事，有時候也會嚇到我們。同居不到一年，生活開始安定下來。

我們先是領養了一隻灰色條紋的虎斑貓，我將她命名為米妮梅（Minnie May），也就是《清秀佳人》（*Anne of Green Gables*）中受到女主角安妮幫助的生病女孩。（我在下意識遺傳了母親用文學作品人物為動物命名的習性。）麥可一直排斥養寵物（他很害怕形成附屬關係，光是想到這件事就足以讓他胸口疼痛），但我們一致同意，米妮梅需要同伴，於是後來又領養了另一隻小貓，名叫莫莉（Molly）。莫莉後來長成一隻肥貓，她成了麥可的貓。當麥可在工作時，她總會蜷臥在麥可附近。後來，我們又收養了一隻流浪黑貓，名叫西西莉亞（Cecilia），但我始終無法馴服她。

西西莉亞的孤僻性情讓我感到意外。我一直覺得自己和動物有種連結。我想，那是因為動物和人不同，對我來說牠們很容易理解。牠們的需求不多，不論是生理或心理需求。我也知道怎麼和牠們相處。當我說錯話時，牠們不會感到困惑或是生氣。牠們不記仇，也不會評斷或欺負和自己不同的同類。牠們不會消耗我的精力與專注力，反而是為我注入寶貴的能量。動物只看得見愛，牠們懂得原諒。

接下來，狗狗似乎是我們的半正式家庭的合理新成員。不久之後，麥可和我再度來到流浪動物之家，領養了一隻小狗。我們將她取名為綺拉（Kira），其實，這個名字是麥可取的，源自艾茵・蘭德（Ayn Rand）筆下熱情洋溢的女主角。我們起初以為綺拉是混種拉布拉多，等她長大後，才發現她是梗犬與鬥牛犬的混種。綺拉的體型很壯，而且很固執，她的鼻子很挺，像是支撐她那厚實下巴的飛扶壁。麥可曾經猶豫要不要繼續養她，但我覺得她很美，麥可後來也看見了我所見到的美。後來，他開始帶綺拉去划獨木舟，她成了最好用的壓艙器。

我把麥可和我想成宇宙裡的兩個天體，彼此相距遙遠，卻有一種無形的力量將我們綁在一起。我們就像是火星的兩個衛星：佛勃斯（Phobos，又稱火衛一）和戴摩斯（Deimos，又稱火衛二），這兩顆衛星按照不同的軌道運行，彼此的關係卻異常和諧，就像希臘神祇阿瑞斯（Ares）和阿芙柔黛蒂（Aphrodite）的雙胞胎兒子一樣，所以才這麼命名。這兩顆衛星相當小，直到一八七七年才由美國天文學家阿薩夫・霍爾（Asaph Hall）發現。霍爾當時的心情一定不太好，所以用代表恐怖與驚懼的神話人物，來命名他發現的衛星。不過，他的命名還是有邏輯可循。而麥可和我就不知怎麼的，選擇用蘭德的作品與《清秀佳人》中的人物，來為寵物命名。

至少，我們兩個人都喜愛閱讀。麥可是個自由意志主義者，他把個人看得最重要；我則是把宇宙看得最重要。麥可對於哲學和歷史有很深的思考，他可以讀總統傳記一整天也不厭倦，哪怕總統已過世許久；而我大概讀了兩頁之後就會睡著。對我來說，哲學太抽象、太漫無目的。對於我的工作，麥可大概也有同樣的評語。對他而言，粒子物理學跟巫術沒有兩樣、高等數學則是魔法。他可以幫我校訂文章的文法和結構，而完全看不懂任何一句的意思。

儘管如此，我們都有高度的專注力。我們都是語法分析專家。隨便給出的答案，我們都無法信服；我們會用其他的方式提出問題。我們的腦子彷彿是同一種機器，只不過用途不同罷了。

我很快就要離開哈佛，而我們必須決定接下來該怎麼做。對我來說，我們只有兩個選擇：不是結婚，就是分手。我給麥可六個月的時間考慮，決定我們的未來。時限到的那天，他仍然無法確定答案，於是我提醒他，我們花了多久才遇見彼此。他要找到另一個像我這樣的對象，根本是大海撈針。我告訴他，如果不和我一起過，他就要一輩子孤單終老。在馬廄屋的燈光下，麥可選擇了我。這個答案讓我相當訝異。

一九九八年秋天，我們在多倫多大學的哈特之家（Hart House）舉行婚禮，那是一棟美麗的歌德式建築。我不想要舉行傳統婚禮（我從來不相信，真愛需要觀眾或公開承認來證明)，但我的家人需要看見一場傳統婚禮。那天，麥可和我站在少數幾個觀禮者的前方，我永遠忘不了麥可那天看著我的眼神：充滿了愛、希望與驕傲，一種只有當新郎看著新娘時才有的眼神。儀式結束後，我們轉身向大門走去，我握著他的手，他握著我的手。所有人都站起來鼓掌，這有點出乎我的意料之外。我們的家人和朋友，見證了我們的愛情故事得到了對的幸福結局。一神普救派(Unitarian)牧師把我們比喻成兩條河流，而不是兩顆衛星：兩條平行的河流，最後終於合而為一(我還是覺得我們倆像雙胞胎衛星)。我們在法律和家人的見證下結合為一體，但對我來說，我們依然是兩個各自獨立的拼圖片(我認為麥可也這麼想)。

只不過，這兩片拼圖非常契合。

●

我在哈佛的最後時光(進行博士論文答辯之前不久)，受邀到紐澤西州的普林斯頓高等研究院(Institute for Advanced Studies)演講，它是愛因斯坦(Albert Einstein)在戰後時期的學術研究庇護所，並因此聲名大噪。我一抵達，就對這個地方心生敬畏之情。它看起來像是僧侶居住的地方，建築物形成圓形聚落，四周圍繞著草坪，還有巨大樹木的枝葉遮蓋。我待在一棟巨大宅邸位於角落的雅致房間，牆面都漆成白色，安靜得令人害怕。那裡是思索宇宙奧祕的好地方。

來接我的是約翰・巴寇（John Bahcall），也就是高等研究院天體物理學者的「老闆」。約翰是個傳奇人物，卻絲毫沒有架子。他的表情相當和善，臉上戴的眼鏡使他顯得更加親切。他的灰色捲髮梳理得服服貼貼，樣子使我聯想到猶太教的拉比（rabbi，指精通律法的學者，意思是老師），而在某種意義上，他確實是老師。在一九六〇年代，當時大多數美國人關注的是月球，但約翰對太陽物理學深深著迷，一心一意想要回答關於恆星的基本問題。他想知道太陽為何會發光。他是兩位開發哈伯太空望遠鏡（Hubble Space Telescope）的關鍵人物之一。銀河系的標準模型有一半以他命名，稱作「巴寇索奈拉銀河模型」（Bahcall-Soneira Galaxy Model）。他像慈父一樣，一開口就問我，從住宿的地方走過來感覺怎麼樣。「如果你是我的女兒，」他說，「我想確定那段路走起來不會太長。」

系外行星領域的研究進展仍處於初步階段，我的研究也是如此。所以，我決定把演講主題設定為，我對判讀大霹靂發生後原子活動的時機點所做出的貢獻。演講地點在圖書館，書架從地板延伸到天花板，當我坐著等待觀眾入場時，還能聞到書架所散發出來的氣味。博士後研究員和一些天文學專家開始入場。我用手攏起長髮，用夾子把頭髮夾在腦後，減少一樣讓我分心的東西。約翰不久後也進來了，然後是吉姆・皮博斯（Jim Peebles），他是宇宙學界的大人物。吉姆現在是普林斯頓大學「愛因斯坦榮譽科學教授」

（Albert Einstein Professor Emeritus of Science），也是諾貝爾物理獎得主，而我修正的那些原始計算結果中，有一部分是他提出來的。

我開始演講，依然使用透明片投影機來展示我的研究成果。我才開始講沒多久，就有人突然提出問題：「在你的氫原子模型中，你用了幾個電子能階？」答案就在我下一張投影片上。

「三百。」我回答。

另一個人舉手。「你有沒有把氦納入計算中？」

答案就在下一張投影片上，於是我立刻翻出。「是的，包括氦原子與氦離子。」

我接著繼續演講。才隔了幾張投影片，又有問題冒出來：「電子與質子重新結合的速度，變得比預期更快的理由是什麼？」我發現，這是高等研究院的作風：每個人提出的所有概念都會被人打斷，一一挑戰。不過，我在下一張投影片就提供了答案。此時觀眾都笑了出來，我也笑了。我抬頭看著吉姆，他向我點點頭。我覺得這個點頭代表了他的接納。

隔天，約翰開車送我去火車站。我剛上車坐定關好車門，他就轉頭對我說：「莎拉，我想請你來這裡工作。」

我望向車窗外，經過不到兆分之一秒的時間，我轉頭向他露出大大的笑容並對他說：「我非常樂意接受這個工作邀約。」

多年之後，約翰開玩笑說，事情進展之快令人訝異。他尤其愛取笑我，居然沒有先和麥可商量就答應了。我應該先和麥可商量的。不過我就是覺得，高等研究院就像是我真正的家。在天體物理學這個浩瀚無邊到嚇人的研究領域裡，師父顯得格外重要。境界最高的師父不僅會告訴你往哪個方向看，也會教你怎麼看。我很確定，與約翰一起探索宇宙，就彷彿是站在伽利略這個巨人的肩膀上，向遠處望去。

約翰告訴我，瘋狂愚蠢與科學事實之間的界線永遠在變動。過去認為不可能的事，有可能在後來人們都普遍接受，這代表天體物理學家的評價只能留給後世來論斷。直到今天我仍然不知道，約翰對於我們在未來發現系外行星有多少信心。約翰與我的研究領域沒有太多交集，他從來不曾告訴我，他認為我們發現系外行星的可能性有多少。物理學界與人世間常有令他驚奇的事，他因此變得非常謙卑。

若你是個年輕的科學家，或許你會發現，儘管你的想法有物理學的堅實基礎，你卻無法證明它確實成立。或許你出於直覺，認為你的想法合理，但有些理論，尤其是最劃時代的理論，往往無法用實驗證明。約翰說不要害怕。當更精良的工具出現時，未來的科學家會根據你的直覺，運用這些工具做出重要的突破，因此你的工作依然有繼續進行下去的價值。對他來說，你在這個星期、這個月、甚至是今年所做的事，一點也不重要，你一生的總體成果，才是重點。

怎樣才能讓我們的思考更有企圖心？怎樣才能讓我們更大膽無畏？我愈來愈覺得，我所做的選擇決定了我的人生。我可以感受到，有一股陌生的確定感在我心中升起，使我覺得，我就在我該去的地方，做我該做的事，和我該共事的同伴一起工作。我花了很長的時間才找到自己的路，但那是我第一次覺得自己不再茫然與孤獨。我不再是一顆電子了，我是原子。

第四章
過渡期

愛因斯坦在高等研究院的庇護所，對我來說更像是一座發射台，那裡充滿了點火發射升空的機會。一九九九年的整個秋季，我坐在研究院園區裡的巨大樹蔭下，思索什麼是我邁向銀河深處旅程的下一步。

我到高等研究院不久後，航太總署贊助一項計畫，要探尋第一顆類地系外行星。那時，已經用徑向速度法發現大約四十個系外行星。天文學家依然憑著感覺認為有其他系外行星的存在，但他們無法親眼看見這些行星。而他們發現的系外行星太大、也太熱，不可能有生命存在。航太總署設了更高的標準：它要想找到一顆由岩石構成的行星，大小適中，在不會太熱或太冷的「適居帶」（Goldilocks zone），繞著類似太陽的恆星運行。

航太總署還希望能夠得到生命存在的證據。

那幾乎是個不可能達到的要求，不過多年來，航太總署曾經贊助過無數個未完成的計畫，意圖尋找外星生命。現在，航太總署想要捲土重來。他們把這個計畫稱作「類地行星發現者」（Terrestrial Planet Finder）。有四個團隊獲選參與這項計畫。其中一個團隊來自普林斯頓大學，我受邀加入。我驚訝的發現，相信人類能夠找到另一個地球的想法愈來愈普遍（至少在某些圈子裡是如此）。事實上，只要能找到類似地球的行星，就足以讓科學家開心不已了。但工程師渴望有明確的答案；他們想要知道，他們設計的機器要做什麼事。我們告訴團隊裡的工程師，我們想要找到另一個地球；一個和地球一模一樣的行星。我們打算找到人類的複製品。

我剛開始在父親陪伴下用望遠鏡觀星的那幾個夜晚，我曾好奇的想，宇宙裡可能會有什麼樣的星球與生物存在。我始終有個直覺，覺得地球不是唯一有生物居住的星球。人類不可能那麼特別。現在，在我剛起步的職業生涯中，我第一次有機會去幫助別人把那個直覺變成事實。我們需要知道，宇宙裡有其他的地球存在，我們需要能夠指著天體圖並說：那顆，就在那裡。那是我們的目標。

團隊聚會進行討論時，成員不允許有負面的想法。大衛・斯伯格（David Spergel）是我們團隊的地區委員會負責人，所有的成員每星期會在普林斯頓大學的培頓廳（Peyton Hall）碰面。我們這群夢想家之間擦出的火花，彷彿電流一般在眾人之間流竄，每個新點子都使所有人更興奮一些。在那段時間，我們靠著一筆預算和熱血，對未來充滿著天馬行空的想像。

除了「距離遙遠」這個極具挑戰性的問題之外，我們還必須考慮到，星體發出的光亮其實極其微弱。天體物理學的本質是研究光亮。我們知道宇宙裡除了太陽之外還有其他恆星，是因為我們能看見它們發出的光亮。但光不只會照亮四周，它也具有破壞力，甚至產生遮蔽作用。系外行星的微弱光亮會被母恆星發出的更大光亮遮蓋，如同那些星體的光被太陽發出的光亮蓋過一樣。若要找到另一個地球，我們必須去尋找宇宙裡最微弱的光亮。

我們一開始先提出一個簡單的問題：假如外星人用他們的「類地行星發現者」計畫尋找遙遠的系外行星，地球看起來會是什麼樣子？我們都知道，地球無法持續的發出光亮。陸地會反光，海洋會吸光。因此，假如你是外星人，若你剛好在北美洲正對著你的時候看著地球，你看見的光亮會比稍後（也就是太平洋進入眼簾時）再亮一點。或許我們能利用光的曲線推論出，某個遙遠的行星上有海洋存在，進而推論出水的存在，最後推論得出一個有生命存在的行星。海洋可能是宇宙中最大的機會之窗。

考慮到恆星與行星之間相對亮度的落差（太陽的亮度比地球高出一百億倍），我們最大的挑戰是找出新方法降低星體的亮度。拜大衛所賜，敝委員會最具體的成就，就是設計了一個可以達成這個目標的工具。

工具的名字是**日冕儀**（coronagraph）。我很喜歡這個詞，它是望遠鏡裡各種消光裝置的總稱。第一個日冕儀在一九二〇年代由法國天文學家貝爾納・李奧（Bernard Lyot）發明。他當時正在研究太陽。他在望遠鏡裡放了兩個小小的圓形遮光裝置，創造了人工日食。用這個方法觀察太陽得到的效果還不錯。然而，就像石頭掉進水裡所產生的同心漣漪，李奧使用的遮光裝置會使光波散射。那微微的暈圈會使想要看見的系外行星變得模糊。大衛猜測（我們團隊的其他人後來也證實），貓眼形狀的裝置可以把光波遮蔽得更完全。我們製作的日冕儀所產生的黑暗並不完美，但已經很黑、很黑了。

不過，要在新的望遠鏡裡打造新的日冕儀可能需要費時數十年。因此，類地行星發現者計畫仍然停留在想像中，我們還找不到可實踐的方向。但我想要得到更直接的成果，於是我從委員會的工作得到一些啟示，開始把注意力放在已經發現的四十多個系外行星上。那些行星雖然不具備讓生命存活的條件，卻依然可以透露出如何找到生命跡象的方法。當你知道你要找什麼，就比較容易找到看見它的方法。

理論上，除了徑向速度法之外，我們還可以利用其他方法來尋找和研究系外行星。就目前來說，既然天文學家無法解決恆星光害造成的問題，或許可以反過來善用這項特性。運行中的天體有時候會排成一直線（這個情況不一定會發生，但有時候會發生），如果夠幸運，可能會遇到行星通過地球和它的恆星之間。這個情況會造成類似迷你日食的效果。當月亮遮住太陽時，看起來就變得非常巨大。這個凌日法同樣適用於系外行星：我們不是透過它發出的光亮找到它，而是藉由它遮住的光亮來找到它。黑點是世上最醒目的東西之一。

對我來說，採用凌日法很合理。比起單單只用徑向速度法，凌日法與徑向速度法結合之後，可以告訴我們更多訊息。你可以從物體的陰影得知很多相關的事。幾個具有開創與冒險精神的天文學家，開始觀察與記錄數十個最受看好的恆星，大家公認這些恆星都至少有一個行星，凌日遲早會發生。我打電話給我過去在大衛・鄧拉普天文台工作時的指導老師，看看我們能否也嘗試這麼做。只是那裡的望遠鏡的相機敏感度不夠，不足以勝任這項工作，但熱木星能夠遮住母恆星百分之一的光亮，只要使用更好的工具，保證能測量到。經過計算發現，每個我們認為軌道週期很短的行星，有十分之一的機會從它的母恆星前方通過。雖然機率不高，但至少不是無限小。我每天早上起床後總是在猜想，有沒有人在昨天夜裡偵測到了行星凌日的情況。我滿懷希望，覺得這個世界可能會因為一封電郵或一通電話而改變。

結果，這件事比我預期得更早發生，以致我差點錯過。就在那個十一月，我決定在某個週末給自己放假。因為我整個人沉浸在狂熱的期待中，工作壓得我喘不過氣。我帶著綺拉到高等研究院的園區裡散步。季節剛開始變換，樹木的葉子大多已經掉落。我試著讓原本急促的呼吸變得更深一點，我覺得肩膀的肌肉開始放鬆了。

星期天晚上，我查看了新電郵。有一封來自大衛・夏邦諾（David Charbonneau）。他是我多倫多大學的學弟，現在正在哈佛讀研究所。他一開頭的語氣顯得相當灰心喪志。

他寫道，他的論文指導教授在科羅拉多州有一座小型望遠鏡，他在九月的時候，開始利用這座望遠鏡蒐集資料。他的目標是一次蒐集大範圍的恆星資料，以提高指導教授團隊找到行星凌日的機會。基於某些理由，他一直到十一月才開始看那些資料，結果發現了一件事：他偵測到了人類史上第一次發現的行星凌日。他觀測到一個已知行星（HD 209458b，一個熱木星）的凌日現象。這是個天大的好消息，他消除了最後一點對於系外行星是否存在的懷疑。

然而，差不多在同一時刻，傑佛瑞・馬西（Geoffrey Marcy）與葛雷格里・亨利（Gregory Henry）這兩位地位更高的天文學家，也在同一個恆星上觀察到相同的黑點。（馬西是這個領域的名人，他和他的合作夥伴宣稱，在天文學界發現的前一百顆系外行星中，有七十顆是他們發現的。）馬西、亨利與他們的團隊觀測到的時間比較晚，因此他們只看到一部分的凌日。而大衛觀測到的是完整的凌日。我不清楚接下來發生了什麼事，但我猜大衛的指導教授可能把大衛發現的結果告訴了馬西。馬西似乎沒有進一步查證，就利用這個對話證實他的發現。不到一個星期之後，馬西的團隊召開媒體發布會：他們發現了第一個行星凌日。大衛・夏邦諾成了第二個發現的人。

有些先驅者是非常無情的。我回信給大衛：你是個很優秀的科學家，**時間會證明這一點**。然後，我告訴他一件他早已知道的事，不論他的競爭對手做了什麼，他還是應該要發表他的發現。那篇論文最後一定會比新聞發布更重要。**時間會證明一切**，我如此寫道。

當時的情況是，一場競賽剛結束，而另一場新的競賽又開始了。我和綺拉那天在園區散步之後，我接下來有幾個星期再也不會放假。我把注意力轉向一個真正原創的點子，而凌日法的成功結果，讓這個點子的進行變得更加迫切了。我整個人熱切的投入其中。許多科學領域（尤其是有開創性的科學領域）其實仰賴直覺向前推進。如果你知道，有多少最重大的科學發現始於直覺或預感，你一定會大吃一驚。我沒有太多證據可以支持我的想法，但我對自己的想法深信不疑。

我意識到，凌日法除了幫助我們看到行星的黑色輪廓之外，或許能夠揭露更多東西。恆星的光雖然會受行星遮蔽，但有一部分會穿透行星的大氣層，呈現在那不完整的小小黑色輪廓的外緣。我們可以看見那光亮，但它看起來會有些不同。那光亮經過了過濾，就像水流過篩子，或是手電筒的光束穿透迷霧一樣。

假如你隔著一段距離看彩虹，你會看見七彩的顏色完美的連接在一起。但假如你透過光譜儀細看它，你可以看見光線中的缺口，每個波長裡有細微的斷裂，就像嘴巴裡的牙齒少了幾顆一樣。太陽大氣與地球薄薄大氣裡的氣體，會打斷陽光的傳送，就像電纜線會導致無線電信號的靜電干擾。某些氣體的干擾會洩露出一些訊息。某種氣體會在彩虹的靛色造成缺口，另一種氣體可能在黃色或藍色造成缺口。

既然如此，何不運用光譜儀來檢視恆星穿過行星大氣的光線？如此一來，就可以判定那顆行星的大氣含有哪些氣體。我們已經知道，唯有當生命存在時，某些氣體才會大量存在。我們稱之為「生物特徵」（biosignature）氣體。氧氣和甲烷都是。或許，尋找大腳怪的方法真的是去尋找他呼出的氣。我們可以先從熱木星找起，畢竟那是已知的行星，它們的大氣也比較容易測得。就像是臭鼬噴出的臭氣一樣，鈉與鉀在其他次要原子的襯托下，會顯得格外突出。

我把這個想法放在心裡，因為我知道這個點子非常棒——我是第一個看見凌日法有潛力用來研究大氣的人。而現在我也知道，好點子會被偷走。我只把這個想法告訴我的博士論文指導教授，迪米塔爾．薩塞羅夫，他願意幫我實現想法。當我們把細節寫出來之後，我發表了一篇論文，探討我和迪米塔爾所謂的「凌日透射光譜」（transit transmission spectra），用它來解讀彩虹的缺口。

我的論文引起了不少人注意。那時航太總署對外開放哈伯太空望遠鏡的使用申請，就在我的論文發表幾個月之後，有一個團隊引用我的論文，獲准使用哈伯太空望遠鏡來觀測凌日熱木星的大氣，研究穿透大氣的光線。那個團隊竟然沒有邀請我、而是選擇一位年紀較大的男性科學家加入他們，這件事讓我非常生氣。

不到兩年的時間，那個團隊就宣布，他們在人類歷史上第一次探測到了系外行星的大氣。那個行星和地球並不相似，但這個結果證實我的假定是對的。人類初次看見了一個外星的天空。當他們宣布這項消息時，我的心裡五味雜陳。一方面，我的理論得到了認可，但另一方面，我仍然有種感覺，覺得我沒有受邀參加我自己舉辦的派對。

這則新聞在星期二下午一點發布。我在下午一點零一分告訴約翰・巴寇，我已經準備好要向大家談這件事。我們每星期二都有正式的午餐會議，稱作「星期二的午餐」（真的很有想像力）。一群普林斯頓高等研究院最優秀的學者圍著一張U形桌坐著，約翰坐在主席的位置。能受邀參加這個午餐會議，讓我感到非常自豪。如果有人的發言太無趣，約翰就會敲擊他的玻璃杯，這個舉動嚇壞了好幾個成員，但我不怕。謹慎且量化的研究成果可以贏得約翰的信服，而我的研究正符合這個條件。開會時，我站起來向大家解釋，別人用我的研究結果做了什麼事，以及我的概念是如何一路從我的書桌到遙遠的宇宙深處，環環相扣推演出來的。人類沒有花任何時間做太空旅行，就穿越了好幾光年的距離，這個念頭使我興奮得呼吸急促起來。

約翰露出驕傲的微笑，他的讚許使我的心裡很溫暖。但他並不就此滿足。「接下來呢？」他問我。

我後來逐漸明白，我這輩子從此以後，每天都在問自己這個問題。

生物不只需要某些氣體才能存活，還需要某些固體，它需要立足的基石。我心想，或許行星凌日現象可以用另一種方式發揮它的價值。徑向速度法可以告訴我們系外行星的質量。天文學家在行星凌日的時候，只要測量行星對母恆星造成多大程度的遮蔽，就能判斷這個行星的大小。高中物理說，質量除以體積等於密度。因此，只要知道系外行星的密度，就能知道它的構成物質：密度大可能代表那是岩石。我們距離看見小型岩石行星的目標還很遙遠，不過，有了類地行星發現者這類的計畫，或許可以比原本所想的更早找到方法，達成這個目標。當天文學家能在某個岩石行星的大氣中找到生物特徵氣體，就可能找到了另一個地球。

我把全副精神放在凌日法所開啟的新方法。對於確認人類已經發現的系外行星是否存在，我並不是那麼感興趣。我想要做的事情是更進一步。我想要找到新行星，從新恆星前方通過的新行星。

就和所有研究太空的方法一樣，凌日法其實相當複雜。星體排成一直線的機率並不高。我們需要找到最小的凌日現象，也就是在無窮邊際的一個小點，而且必須看見那個凌日現象重複出現，直到它足以形成一個軌道。這代表我們需要長期觀測同一個恆星。假如外星人用同樣的方式尋找人類，他們至少需要等一年（最多可能需要近兩年的時間），才能確認地球是行星。不過對我來說，最大的問題在於：就算我們能設法讓照相機對準通過恆星前面的系外行星，我們會看到什麼？我們看到的，會是類似日食發生時的月球。我們會看見月球的輪廓，但看不見它的表面。我們只會看見一團黑色的東西。我想要看見的是，一般人都熟悉的藍色地球。我想要看見外星海洋，以及水透過蒸發形成的雲朵。

●

所幸，在高等研究院追隨愛因斯坦的腳步，使我覺得自己能創造奇蹟。此外，我也終於置身於一個能夠交到新朋友的地方。我對於社交情境依然沒轍。有一天，我為了參加某個工作場合打扮好自己之後，有點興奮的對麥可說：「我看起來和正常人一樣！」麥可微笑告訴我：「是啊，直到你開口之前。」儘管周遭有許多志同道合的同事，我的想法有時還是會顯得異於常人。我有可能會改變主意，但我通常是從一個極端狀況，擺盪到另一個極端狀況。我很少看見灰色地帶。

蓋布雅拉（Gabriela Mallen-Ornelas）和灰色完全沾不上邊，她是一位金髮藍眼的墨西哥天文學家。她正在進行博士後研究，在普林斯頓大學與智利的天文機構之間來回穿梭。蓋布雅拉和我很快就將彼此視為盟友。我們都很年輕、都有很企圖心、都想在宇宙裡獲得新的發現。蓋布雅拉能夠申請使用智利的那個令人稱羨的地面望遠鏡，我有點像是突然發現自己迷戀的對象恰好是有錢人。高等研究院在那段期間正在裝修，於是用拖車做成臨時辦公室。因此，蓋布雅拉和我必須擠在園區角落的雲白色拖車裡一起工作。和蓋布雅拉相處有點像是和麥可相處：我們是天生一對，但必須保持距離。

蓋布雅拉擁有超群的數學能力。她的數學能力像是某種靈性，比音樂更自然的流淌在她的體內。她擁有異於尋常的能力，能夠設計出簡單卻涵蓋範圍極廣的演算法。而她能夠使用智利的高階望遠鏡，意味著她能蒐集到新的資料，並將資料帶入演算法中。我的專長是用我的高效電腦程式解讀那些數字。蓋布雅拉就像是圖書館，而我是讀者。

蓋布雅拉和我訂了一個野心勃勃的目標：運用凌日法找出一個從未讓人發現的系外行星。我們的心中燃燒著只有探險家才明白的熱切期待，如同孩子為了冒險感到興奮不已。我們跟再三提出相同主張的其他天文學家一樣，也認為最好使用具有廣角照相功能的望遠鏡，一次觀察好幾萬個星體。也就是說，要一次買很多張樂透彩券。蓋布雅拉和我都知道，我們暫時還無法找到像地球那麼大的行星。只要找到一個體積大而軌道週期短、尚未讓人知曉的熱木星，就已經是重大的發現了。

蓋布雅拉和我開始在下班後相約一起消磨時間。麥可也喜歡她，於是我們三個人經常一起吃晚飯。當麥可和我進行長時間的極地獨木舟之旅時，她甚至幫我們照顧家裡那群寵物。經過一段時間的磨合，蓋布雅拉和我形成了一個很棒的團隊。她會飛到智利去取得望遠鏡的天文資料，不斷的用快遞寄給我。我則是將資料輸入我根據她的數學演算法寫成的程式。我們覺得彼此簡直配合得天衣無線。

蓋布雅拉和我曾一度認為，我們發現了一顆行星。在腎上腺素的刺激下，當時的我們心跳加速。全世界的天文學家都想拔得頭籌，而我們也想勝過其他人。不過，若發表的結果後來被推翻，前途將直接毀掉。我們檢視資料之後，不得不承認有個地方似乎不太對勁。經過三個星期的仔細觀測之後，蓋布雅拉從智利飛回美國。我們坐在她在高等研究院的辦公室裡，一同解決難題。當時已經很晚了。當我們振筆疾書，埋首計算代數算式時，檯燈的日光燈管發出刺眼的光線，從櫻桃木書桌反射到我們眼裡。書桌堆滿了寫滿公式的論文，有些還掉到了地上。在一團混亂中，我們確認了一件事：我們看到的絕對是星體凌日的照片。但形狀不太對，數據也湊不起來。蓋布雅拉和我面面相覷，不知道該哭還是該笑。

然後，我們同時頓悟出真相：我們發現的不是行星，而是恆星的奇特糾纏現象，也就是今日天文學家所謂的「混合線」（blend）。一顆恆星通過另外兩顆恆星的前面，形成的光亮降低了遮蔽效果，使恆星看起來像是行星的大小。唯一值得慶幸的是，我們沒有把這件事告訴其他人。

蓋布雅拉和我始終沒有成功。在我們合作期間，一位較年長的知名天文學家經常問蓋布雅拉問題，她都回答了。蓋布雅拉以為他只是出於好奇，想要了解我們的進展，或許也對我們的策略印象深刻。後來蓋布雅拉和我才發現，他也是競爭者。他並沒有偷我們的資料，我們的資料是蓋布雅拉雙手奉上的。我對於蓋布雅拉以及這個情況感到非常氣餒，若是其他的教授，不需要像這樣表裡不一也能成功。時間會證明一切。蓋布雅拉大受打擊。我以為她會和那個人切割，然後我們一同加倍努力，繼續以彼此特有的方式合作。但她對我們的計畫已經找不回原有的熱情，我覺得她似乎也對我失去了興趣。我覺得沮喪，也覺得自己被拋棄。

二〇〇二年秋天，那位年長天文學教授的團隊，發表了一份凌日行星的可能清單，包括人馬座（Sagittarius）裡原本沒有人知道的 OGLE-TR-56 b。另一個團隊用徑向速度法進行確認，獲得了發現第一個凌日行星的盛讚。我為此哭了兩天。我父親有一天來看我，帶我到紐約市度過了整個下午。我們在擁擠的街道上行走，我把我的失望說給他聽；他買了一些攝影器材給我，彷彿在告訴我，這個世界上還有無數的東西等著我去看見。

不久後，我到西雅圖參加會議。麥可和我趁著這個機會，順便到溫哥華島做一次長途健行。他不懂，在天體物理學這個圈子裡成為第一為什麼那麼重要。我很氣他竟然無法理解我的難過。然而，他也讓我看見一個事實：我的工作必然會有高低起伏，但他會永遠陪在我身邊。現實世界裡什麼也沒有改變。我看著一隻白頭海鵰飛越眼前的河谷，心中想著：一切都會好起來的。

就在尋找第一個凌日行星的競賽過程中，我和蓋布雅拉差點造成災難的經驗，衍生出一個成就。那個弱化星光亮度的方程式，隱藏了另一個祕密：這個方程式可以用來計算行星所屬母恆星的密度，能幫助天文學家消除偽陽性結果，就像是蓋布雅拉和我觀察到的三顆恆星交疊的情況。蓋布雅拉和我約了一個晚上，一同熬夜釐清一件事：要怎麼將我們所犯的錯誤，用來幫助其他人確認他們是否正確。對我來說，眼見彼此的夥伴關係已經崩壞，卻還要和蓋布雅拉坐在一起，一同把結果寫成論文，實在是很痛苦的事。但至少，我們可以從我們共度的時光，催生出一些有用的東西。蓋布雅拉和我從差點犯下的錯誤中得到教訓，然後發表出來，結果那篇論文成了我最多人引用的論文。它是我用失去的友誼換來的安慰獎。

第五章

入境與出境

我想要有小孩。我已經三十出頭了，而我一直想像自己將來會有小孩。假如我奉獻自己的生命去尋找另一個地球上的生物，自己卻不把新生命帶到這個世界，似乎顯得相當偽善。但現在，生小孩已不再是追求完整的渴望或操練，而是一種需求。我可以感覺到，我的身體向我提出要求，要我快點生小孩。

麥可並沒有同感。他說，養寵物是一回事，養小孩是另一回事。（我向他道賀，恭喜他如此有觀察力。）我看不出太多妥協的空間。我們在結婚之前曾經談過生小孩的事，而他原則上同意這個想法。然而，說和做往往不是同一回事。現在，他必須做出人生中的另一個重大決定，決定他想要的到底是什麼。

二〇〇二年底，我已經在普林斯頓高等研究院跟了約翰三年，華盛頓特區的卡內基研究所（Carnegie Institution）邀請我過去擔任資深研究員。安德魯・卡內基（Andrew Carnegie）在一九〇二年創立了這個研究所，讓科學家可以得到充分的資源，一展抱負。知名天文學家薇拉・魯賓（Vera Rubin）退休了，所以他們空出了一個位子。我問約翰，我是否該接受那份工作。這代表他需要從別的地方尋找博士後研究員來補我的位子。我們其實都只是普林斯頓高等研究院的過客。就像父母知道孩子總有一天會離開一樣，約翰也知道我總有一天會走。但那不代表這件事不會令人難過。我認為約翰不希望我離開。但他也不想告訴我，叫我不要離開。

「嗯，薇拉做得還不錯。」他說。

我知道，他用他的方式給了我最後的祝福。於是我離開高等研究院。

在我開始工作之前，我必須先取得美國綠卡，而等待綠卡期間，我不能離開美國。因此，我和麥可那年夏天無法到北方進行我們固定的獨木舟之旅，就決定改去大峽谷泛舟。我在那裡看見了前所未見的湍急河流。我隨獨木舟下水之後，只看見四周的滔滔巨浪。水的強大力量超出我能掌控的範圍，於是我退回到相對安全的橡皮艇裡，和其他人待在一起。熔岩瀑布（Lava Falls）的激流非常有挑戰性，連導遊都翻船了。但麥可卻用平台式獨木舟迎戰，他用高超的技巧，完美無瑕的駕馭了湍急的河水。連岸上的遊客都為他喝采。

麥可和我搬到華盛頓特區不久，我就懷孕了。我高興極了。我開始做同樣的夢，夢見我生了一個紅頭髮藍眼睛的女兒，就像麥可一樣。我對於兒子女兒沒有偏好，但我做的夢非常逼真，就像我在蛇形丘那夜所做的夢一樣：我很確定這一胎會生女兒。麥可後來也開始接受我的想法。他想把女兒命名為綺拉。我想，他一定非常喜歡那本書。但我們不能同時讓小孩和狗取相同的名字，只好把忠心的獨木舟夥伴重新命名為「圖克圖」（tuktu）。這個名字源自因紐特語，意思是「馴鹿」。然後，我們滿懷希望的等待新成員加入：一個長相沒那麼可怕的綺拉。

結果，我們得到的是麥克斯。

經過三十個小時的陣痛，麥克斯出生時我已經筋疲力竭。但麥可第一次抱他的樣子，我卻記得一清二楚。麥克斯是個完美的小寶寶，他的阿普伽新生兒評分（Apgar score）是滿分。他那濃密的金棕色頭髮整齊服貼得像是給髮型師剪過、梳過一樣。他的天藍色眼睛和麥可的一模一樣（我的夢境在這個部分是正確的），他們用同樣的眼神彼此相視。在那一刻，他們看起來如此相像。他們的表情看不出喜怒哀樂，也不像是愛。他們兩個人用非常驚訝的表情看著對方，顯露出單純的驚奇之情。

兩年後，亞力克斯出生了。（他的中間名是獵戶座〔Orion〕，因為他出生那晚的夜空可以看見獵戶座。）我必須接受兩個孩子都是男生的事實。我想要更多孩子，或許下次就生出紅髮綺拉了。但麥可覺得兩個孩子已經是他的極限。這兩個孩子已經讓我們人仰馬翻了。理性上，我能理解麥可的觀點（在人數上被孩子壓制是一件有點嚇人的事，此外，你很難找到超過四人乘坐的獨木舟），但我在懷孕的時候真的很快樂。即使是現在，我一想到那個時刻就開心不已：無限的希望與可能性，將在我的體內孕育成形。當麥可決定要去做輸精管切除術時，我努力說服自己不要難過。我覺得很受傷，但他的手術使我們無須再討論要不要再生孩子的事。

航太總署對於加添成員就抱持著比較開放的態度。二〇〇三年，它發射了另一個太空望遠鏡史匹哲（Spitzer）。史匹哲是工程學的小型奇蹟。大多數望遠鏡（例如哈伯望遠鏡）捕捉的是光線，但史匹哲不同，它偵測的是紅外線。這一點很重要，因為恆星和系外行星都會以熱輻射的形式發出紅外線。（超過一半的太陽光是紅外線。你看不見它，但可以感覺到它，它是你晒太陽會覺得熱的原因。）天文學家依然無法透過肉眼看得見的波長，來感知系外行星，因為它們的恆星太亮了。但是系外行星（尤其是最大、最熱的那些）在紅外線方面就稍微比較有優勢。它的光以熱的形式最容易偵測到。

另一場競賽開跑了。麥克斯和亞力克斯出生時，我都有請幾個月的產假。但產假還沒結束，我已經很想回去工作了。麥可和我請了一個保母來幫忙，但我仍然疲於奔命。我的心既想待在家裡，又想飛到很遠、很遠的地方。

我雖然想得到短期內可以看見的結果，但我仍然持續參與類地行星發現者計畫，追求偉大而遙遠的目標。參與計畫的四個原始團隊已經解散，但航太總署組成了一個新的團隊。在一場天文學研討會中，查利．諾克（Charley Noecker）來找我，請我聽聽他這位工程師的另類想法：打造一個與太空望遠鏡協同運行的巨大遮罩，作用類似用雙手遮住眼睛，來保護眼睛不受強光傷害。這個遮罩能夠遮住恆星，讓望遠鏡能夠看見周遭更微弱的光線。那個「外在遮光體」上裝滿了高科技的長桿。現行團隊的成員還有瓊恩．亞倫伯格（Jon Arenberg）和朗恩．波里丹（Ron Polidan），他們是來自諾斯羅普格羅曼公司

（Northrop Grumman）的工程師。他們充滿熱情與信心，相信這個專案一定會成功，我也不由得跟著樂觀起來，我很高興可以繼續思考有關太空望遠鏡內建日冕儀的事。我加入他們的初期工作，為他們建立科學根據。

離開普林斯頓高等研究院之後，我仍然持續系外行星大氣的相關研究，但以比較零散的方式進行。我把精神集中在史匹哲望遠鏡上。我幫忙寫了一個嚴謹有說服力的提案（大氣與溫度的關係非常密切），讓我的團隊分配到了使用史匹哲望遠鏡的時間。太空硬體的壽命非常短，而史匹哲花了數億美元來打造。對於如此昂貴的設備，每分鐘的使用權都是個天大的禮物。經過了多年的計畫與期待，當史匹哲成為我的主要目標時，我有一種奇妙的感覺，覺得自己得到了認可。

二〇〇五年，我和別人共同發表一項研究成果，我們偵測到一個早已發現的系外行星所發出的紅外線，藉此確認了它的存在。行星不只會通過恆星的前面，也會經過恆星的後面，此時就是所謂的「次食」（secondary eclipse）。次食出現時，因為行星被遮蔽，恆星與行星的聯合光度會稍微下降，可以從下降的光度，測量行星的紅外線熱能。這項發現引起了媒體的廣泛報導。因為人類透過看不見的光，第一次看見了系外行星。當事行星是我們的老朋友 HD 209458b，也就是大衛・夏邦諾搶先看見完整凌日現象的那顆。現在，人類已經用三種方式看見它，這使它成為太陽系之外最多人研究的行星。史匹哲無法拍下 HD 209458b 的照片，但可以確鑿無疑的偵測到它的存在。我們已經圈住它了。

既然測量了 HD 209458b 的熱能，就可以順便估計它的大氣溫度。那正是我的工作。我得到的數據非常驚人：攝氏八百七十度。HD 209458b 是一個大火球，它的溫度明顯太高，無法讓生命存活下來。看來要找到溫度較低的另一個地球，顯然是非常大的挑戰。我們的進展是不可否認的，而我也很期待運用類地行星發現者的遮光體，擴大我對大氣和淩日的研究。有了這些助力，我很確定我們終於踏上旅程，去看見不可見的東西。

然而，航太總署突然暫停了類地行星發現者計畫，後來甚至完全中止這項計畫。我是與有榮焉的第一代參與者，致力於發現另一個地球：我們將會成為星際太空的麥哲倫（Magellan）。但現在，人類已經不想找了。我的心都碎了。

雖然和許多旅程一樣，太空硬體設備的研發製造過程不太像線性發展，但我還沒有學會接受。它是一場黑暗、醜陋，有時混亂的漫長戰爭，有時前進，有時倒退。科學家只能盼望前進的步伐多於倒退，最後做出某個成果。不論航太總署、俄羅斯航太（Roscosmos）或是歐洲太空總署（European Space Agency）等國家級的太空機構，都有自己的優先順序和關心的議題。而順序和議題是由各國的政權所主導，可能會因為預算的爭執、或是飯店的密會，就發生更迭。這一任總統想上火星，下一任總統可能想登陸月球。太空探索技術公司（SpaceX）和洛克希德馬丁公司（Lockheed Martin）這類巨型企業有自己的工程部門，他們正在火熱的實現自己的夢想。知名大學則致力於開發與建立自己的衛星技術。每一天，全世界有數千名聰明且執著的人朝著相同的目標前進，或許是各自划水，或許是一同努力。世界上有數十、甚至數百種語言裡，有「望遠鏡」這個詞。但知道的人寥寥無幾。

那是我第一次遇到，我所從事的天文學研究進展受挫，它未來的希望無法實現。我得到的教訓是什麼?宇宙或許無限大，但人類的探索渴望與資源是有限的。而時間是最珍貴的資源。

●

我生完亞力克斯，在休產假期間，麻省理工學院（Massachusetts Institute of Technology, MIT）的行星科學系打電話給我。他們邀請我去參加教授職位面談。我很高興能夠到距離哈佛不遠的劍橋，舊地重遊。但我的態度相當保留。在我接受卡內基研究所的工作之前，我曾到加州理工學院（Caltech）面談，還有柏克萊（Berkeley）、普林斯頓，以及英屬哥倫比亞大學（University of British Columbia），而現在是麻省理工學院。

那些面談進行得都不順利，英屬哥倫比亞大學是最糟的一個。一開始，我必須聽幾位年長的男教授閒談，數落他們在前一天活動中見到的學生表現。除了邀請我的科系之外，面談者當中沒有人對系外行星感興趣。當有人終於屈尊，開口詢問關於我的研究工作，也是針對我早期對大霹靂後質子電子結合的研究。那些東西我在離開哈佛之後幾乎就不太想了。他們以令我意外的敵對態度盤問我。我產生一種被霸凌的不安全感，以致每個問題都答得不好。最後一位面試官是個資淺的生物物理學家，歷經幾個小時的盤查拷問之後，那是我見到的第一張友善面孔。他說：「我想，你一定覺得今天很漫長。」我幾乎在他的面前掉下眼淚。

我在每一所學校都可以清楚感受到一股擔憂，他們擔心研究系外行星是個學術死胡同。即使在天體物理學家當中，也有些人不看好這個領域。有些人認為尋找系外行星類似「集郵」，是一種永無止境、沒有意義的行為，沒道理在天空中尋找新的光亮，只為了將它命名。我找不出話來說服不信的人。儘管我們已經找到愈來愈多的系外行星（那時大約有一百五十個），人們告訴我，我永遠也達不到我想達成的目標；我們永遠找不到夠多的淩日行星來做出有意義的結論；挑戰永遠大到超出我們的能力範圍；我的突破只是曇花一現，我的發現只是僥倖。

那是個令人灰心喪志的時期。我到卡內基研究所工作，盡我所能堅定自己的心志，挺過懷疑論大軍的攻擊。想做的事和能做的事之間有落差，現實永遠是如此，而我們總是能找到方法跨越。不久之後，我們用史匹哲看見了HD 209458b。不過，我所不知道的是，麻省理工學院一直默默觀察我以及我的研究。當我在二〇〇六年初第二次面試時，約翰．巴寇所謂的瘋狂愚蠢與科學事實之間不斷移動的界線，來到了平衡點。

這次，麻省理工學院決定邀請我去任教。但不知何故，我不確定該不該接受。我覺得很榮幸，但我從來沒有當過老師。我從來不曾為學生的未來負責，我只為我自己的未來負過責任。手頭上的時間就那麼多，在大學任教勢必會減少我做研究的時間。

這也代表我能和家人相處的時間會變少。我們家最近失去了一位創始成員：圖克圖在那年因腦瘤過世。她在她最喜愛的沙發上嚥下了最後一口氣，然後，麥可將她的屍體抱起來，送去火化。我們將她的骨灰埋葬之後，我哭了好幾個星期。她是個非常忠實的同伴。

我開始更常和我父親聊天。我們一直保持聯絡，經常聊天，也盡量找機會見面。他偶爾仍然會問我，要不要轉行當醫生。當聊起圖克圖和她的死去，我們兩個人都很清楚，我沒有辦法從事涉及情感拉扯的工作。圖克圖過世幾個月之後，父親終於和我談到了死亡這件事。「死亡是人生的一部分，」他這麼說，「打從出生那天開始，我們每天就朝向死亡前進。」

接到麻省理工學院的聘書之後，我打電話給父親，尋求他的意見與支持。他建議我接受這份工作。重點不在於現在或未來會發生什麼事。他說：「當機會之門向你敞開，你就必須走進去。」他的語氣聽起來有點激昂。

●

我的父親或許相信，打從他出生那天開始，他的人生旅程就朝向死亡前進。但是自從他接連發生胃痛的狀況之後，這個旅程就開始產生了真實感。為了是否要接受麻省理工學院的教職，我曾和父親討論過好幾次，在過程中，他遇到幾次零星的胃痛。後來，我到芝加哥的阿德勒天文台（Adler Planetarium）參加「蒼藍小點」（Pale Blue Dot II）會議，當我在休息時間到外面喝咖啡、晒太陽時，父親打電話給我，向我說明他的病情。那天戶外的風很大，我的四周有很多人，我雖然花了一點時間，最後還是聽懂了法官的死刑判決：他得了胰臟癌。在各種癌症當中，胰臟癌是最可怕的殺手。對大多數人來說，生病總有一些懷疑轉圜的空間。但胰臟癌沒有模糊空間，只有最篤定的必然性。

我從會議早退，飛到多倫多。我父親那時住在一棟新大樓，和配偶伊莎貝拉同居。他的女朋友從來沒斷過，但伊莎貝拉後來成了他的固定伴侶。父親換了好幾次住處，最後，他的新家座落在北約克（North York），和他曾經住過的公寓（也就是他把那條廉價橘色毯子撕成兩半的地方）恰好位在同一條公路。

當我抵達他家時，他看起來情緒很低落。那天早上，他已經召集朋友到他家，把一些私人物品送給他們作紀念。他想要把他很珍惜的勞力士錶送給別人，但沒有人想要從一個將死之人那裡，接受如此貴重的禮物。我們見面擁抱時，我久久不願鬆開手臂。然後，我們走到對面的墓園去散步。在我還小的時候，我們就經常到那裡散步和騎腳踏車。太陽西下時，可以在那裡欣賞到各種很美的影子。現在，我們再度在一大堆墓碑之間散步，這一次，他需要我的協助。他要為自己選擇墓地。

在父親展開植髮事業之前，他的職業生涯中途曾經有幾年從事安寧照護工作。他覺得自己有需要了解這種醫療方式。我想，對他來說，成為這種醫生是一件奇妙的事，因為他必須去面對自己無法解決的問題。他這輩子一直覺得，他能完全掌控命運，包括自己和別人的命運。不過，當你放棄與死神對抗，只求死亡能和緩的到來，你抱持的是一種不同的思維。那種坦然面對的心境可以帶來某種安慰，但也需要付出代價：對於接下來會發生什麼事，父親知道的太多了。

接下來的幾個星期，我使用飛行常客里程兌換的機票，往返華盛頓與多倫多。其中一次我帶著不到四歲的麥克斯與我同行，以減輕麥可的負擔。某天下午，我決定帶麥克斯到外面散步，順便透透氣。沒想到我父親衝到屋外，緊追在我們後面。

「這有可能是我們的最後一面。」他說。

原來，我和麥克斯出門時發出的聲音把他吵醒了，我想他此時還沒有完全清醒。我告訴他，我並沒有要回華盛頓，我只是帶麥克斯去散散步。但他不打算冒任何險。我和父親相視了很久，直到麥克斯覺得無聊，開始自己在地板上玩起來。

「莎拉，」父親終於開口，「你是我人生中最大的喜悅。你是我生命中最棒的禮物，你超出了我所有的期待。」

我驚訝得不知道該如何反應。從我小時候開始，他就跟我提到我們之間的特殊連結，但他總是用很婉轉的方式表達。他用科學、抽象的方式談論愛。在他的口中，愛就像是輪迴轉世，由不得我們作主，彷彿我們處於被動的角色。愛發生在我們身上。但現在他說的是截然不同的概念。他告訴我，愛是主動的，是我們可以指揮與衡量的感覺，他用盡他所有的力氣愛我。

對我來說，他的開誠布公帶來了近乎災難降臨的感受。我的人生與他的人生彷彿在我的腦海中一閃而過，而直到那一刻我才明白：這世上沒有人像他那樣愛我。他的愛，一個父親的愛，是無條件的，是毫無保留的，是無人能及的。直到現在，當我明白那種愛是多麼廣闊無邊而且稀有，我才意識到，我就要失去它了。

父親努力撐下去，我也陪著他撐下去。有一次，我和伊莎貝拉陪他去看醫生。他看起來像個病情沉重的病人。腫瘤開始蔓延到他的全身，其中一個長在他的眼球上方，而他也削瘦到連臉型都變了。醫生看著我父親，並對他說：「西格醫生，你已經來到最低點。大家都會來到最低點，然後就開始反彈回升。我沒有騙你。」我無從判斷，這個醫生是在說謊、還是無能，而我也無從判斷，究竟哪一個情況比較糟。

我父親也不相信醫生講的話。我們回到他家，他想要死在自己家裡、而不是醫院裡。不久之後，他的一條腿出現血栓，血塊甚至可以直接從他的蒼白皮膚底下看見。癌症實在太可怕了，它是一場無止境的侵襲。那種感覺就像是：同一群小偷一直回來偷上次沒偷完的小東西。那天半夜，伊莎貝拉和我站在父親的床邊。我們都盯著他的腿看。

「假如這個血塊跑到我的大腦，那會是我人生中最糟的事。」他大聲說道。然後他安靜下來。「假如這個血塊跑到我的大腦，那會是我人生中最棒的事。」

父親撐過了那一夜，以及隔天，以及第三天。幾個星期後，我到加州出差。我一回到華盛頓，就收到我舅舅的語音留言。他說，時候到了。「你不一定要來，」舅舅說，「你可能不想見到他現在的樣子。」我立刻從機場的入境門出來，回家重新打包行李，訂了飛往多倫多的機票，然後重回機場，衝向出境門。接下來好幾年，我每次到機場航廈，沒有一次不掉淚的。

我抵達父親家的時候，舅舅在門口迎接我。他對我說：「你看到他的時候，千萬不要哭。」這簡直是不可能辦到的要求。我不是不想道別，而是不知道怎麼道別。我想求他留下來。我的腦海裡只有一句話：不要離開我。

我進到父親的臥室。他眼球上方的腫瘤已經大到使他睜不開眼睛。他看起來好陌生。他的全身都看得到腫塊。我努力控制自己的情緒，想等他睡醒，但我做不到。我把頭靠在他的胸口，幾乎說不出話來。

「爸，你不在以後，我該怎麼辦？」

他的身體功能幾乎全部喪失，但他還能聽、還能說。他說：「當然是按照你平常的方式繼續生活。」他甚至設法露出笑容給我看。

「爸，我的意思是，再也沒有人會像你一樣愛我。」

就某些方面而言，我說出了不該說的話。但在那一刻，我真的那麼想。我知道那是事實。

那時的父親已經不太能說話，不過，一切都溢於言表。「一直都是如此。」他如此回應我。

我每次去看父親時，都會見到不同的訪客來探望他。醫生和病人、家人和朋友。有幾位訪客是高大的壯漢，他們的頭髮看起來像天生的一樣自然。許多人的情緒很激動，有些人還哭了。大多數人說了「我會記得你的」這類的話。只有到了生命的盡頭，才會有人對你說這種話。死是生的相反。過去所有的第一次都變成了永恆的回憶。有些事是第一次發生，同時也是絕響。

父親還在努力的撐著。那時是十二月初，外面的世界灰濛濛的，而且非常寒冷。他已經撐了十個星期左右，那是胰臟癌患者標準存活期的尾聲。我陪伴他幾天之後，決定要回家去看看麥可和兩個孩子。那陣子我太少在家了。我下午抵達華盛頓，一回到家就陷入沉睡。當我醒來時，發現麥可緊緊的抓住我的手臂，一切盡在不言中。伊莎貝拉打電話來，我最後一次飛回多倫多。

父親曾對他的至交說：「期待與你在另一邊相見。」我忍不住盼望，他認為生命會輪迴的看法是真的。

我和母親與大多數的親戚基本上一點也不熟。我想，負面的回憶還歷歷在目，在學習和彼此一起生活的過程中，我們都犯了不少錯。我妹妹茱莉亞是我唯一還有持續見面的家人。不過或許……或許我父親會在某個地方重新投胎。我不知道我這輩子會不會遇見重新投胎的他。我到現在都還在想這件事。但那時的我非常確定，我再也見不到這一世的父親了。我所認識的父親已經走了。自我出生以來，他一直在我的生命中，然後就不在了。

兩個星期後，麥可、兩個兒子、我們的貓和我一同搬家到新英格蘭，及時趕上麻省理工學院的冬季班開課。我很開心能夠回到北方，重新回到結冰的河流以及貝絲和威爾聖誕樹農場的懷抱，並重溫年輕時的快樂回憶。這一次不是住在馬廄屋了，我們在康科德找到了一棟很漂亮的黃色維多利亞式住宅，距離波士頓有三十公里，與世隔離。

儘管麥可和我一開始的進展並不順利，我們此時終於打造好屬於自己的太陽系，這個太陽系的重心是住在漂亮黃色房子裡的兩個小男孩與三隻貓。麥可會繼續在家工作，周遭圍繞著堆積如山、做了記號的書。他也會負責打理幾乎所有的家務。我從來就不擅長理家，練習也沒有使我更進步。自助加油時我總是笨手笨腳的，最基本的家務我也總是不知從何下手。麥可用行動與丈夫的身分證明，他願意打理所有的凡間雜事，以便讓我專注於非凡的事務。我的生活建立了一個無懈可擊的新秩序，既簡潔又有成效。我的角色和目標很清楚：每天早上搭上火車，一路看著窗外的景致由樹木慢慢變成水泥建築，到了晚上，就看著水泥建築慢慢變回樹木。我只需要做一件事，那就是尋找另一個地球。

瓦爾登湖（Walden Pond）是康科德的知名景點，大衛・梭羅（Henry David Thoreau）曾經坐在他的小木屋裡，凝視著瓦爾登湖的水面，沉思美好人生的價值。有一天，麥可和我站在湖濱欣賞風景，湖水和湖岸的交接處開始出現結冰的跡象，光禿禿的樹枝上沾了一層薄薄的雪。父親過世、我即將展開的學術生涯，兩者幾乎在同一個時間發生，使我不禁有種感覺，覺得人生從此分成前後兩半，而我正站在懸崖邊向下望。

第六章

萬有引力定律

科學家最害怕的是錯過某個顯而易見的東西，而不是犯錯，因為在科學領域裡，最大的進展有時來自嘗試與錯誤，而最大的危險來自沒有認出眼前的機會。二〇〇七年，美國國家科學研究委員會（National Research Council）出版了一本報告書，名為《行星系有機生命的限制》（*The Limits of Organic Life in Planetary Systems*），裡面有句話自從我看過之後，就無法忘懷：「美國的太空探索行動中最大的悲劇莫過於，遇見外星生命卻沒有認出它。」

一般大眾在想像其他行星上的生命時，往往是用一般所認識的生命形式來想像：會看見樹木、鳥兒，以及流進河川的雨水。我們覺得，因為氧氣是人類生存的基本要素，所以需要尋找的是大氣中含有氧氣的行星。不過，在地球歷史的前半部分，氧氣並不存在於大氣中。有很長一段時間，地球上沒有氧氣生成。後來，細菌產生的氧分子一個一個慢慢累積，經過數千萬年，終於形成少量的氧氣。從過去到現在，在地球這個行星上，生命一直以非常多樣的形式存在。微生物是生命，鳥類是生命，大象是生命。試著想像一下，宇宙裡某顆行星上有恐龍四處潛行，但我們因為只顧著尋找綠色的小型類人類（humanoid），以致忽略了恐龍的存在。事實上，就連恐龍這個假設都太過於以地球為中心了。或許，另一個行星上只有海洋，而那個海洋裡全是各種外星魚類。或許宇宙裡有一種智慧極高的生命型態，已經存在了數百萬年。或許它演變成了某種後生物（post-biological）智慧，擁有記憶體更高階的硬碟，以及自我複製的器官。

這一切聽起來或許像科幻小說一樣牽強，但太空裡存在著無窮無盡的可能性。我們不能一心一意尋找某種版本的人類，或是只尋找某種版本的人類，因為這樣可能會錯過其他類型的生物。由於我們仍然無法真正找到一個繞著類似太陽的恆星運行、類似地球的行星，有些天體物理學家認為，應該試著去尋找任何一個表面上可能有液態水存在的行星。金星上沒有生命，因為它的地表太熱，海水都給蒸發了；火星上沒有生命，因為它的地表太冷，僅有的水都結成冰了。行星從母恆星接收的相對熱能是一個重要指標，指出它能否支持生命存在。因此，是不是應該把搜尋範圍擴大，把那些緊繞著紅矮星或其他比太陽更小、溫度更低的恆星運行的超級地球（質量高於地球、但遠低於冰巨星〔如天王星和海王星〕的系外行星）涵蓋在內？不論使用哪一種方法，我們都比較容易看見這種行星：它們比地球更大，而且更接近它們的母恆星。這樣的地方能支持生命的存在嗎？

我剛到麻省理工學院工作時，就算走在校園中都會覺得自己像是待在蜂窩裡。當我找到一個安靜的地方，靜靜的站著，閉上眼睛，我幾乎可以感覺到一種集體能量通過我的身體。在某棟建築裡，某個人可能正在學習如何拼接人類的基因。在另一棟建築裡，一種新型態的機器人正開始練習走路。人們不斷製造出功能更強的電腦、不斷開發出新的材料。每扇門的後面都是一個遊戲場。這裡是一座工廠，把每一個想像力轉變成更大的想像力。如果世界上原本沒有雲，這所學校裡的某個人會把它發明出來。

這裡感覺像是為我這種人量身打造的城市。我之所以有這種感覺，不只因為這裡處處是夢想，也因為這些做夢的人具有某種特質。它說不上是一種「特有類型」，因為這裡的人喜歡的東西太多樣了。我從學校畢業後，一直與學者和科學家打交道，所工作的地方都致力於開發人們的潛能與天分。儘管如此，我仍然不曾遇見過這麼多專心致志、擇善固執的人。他們的熱情都投注在不同的地方，但他們的熱情都達到某個極致的熱度。這種熱度無法度量（如果有方法可以度量，應該早就讓這裡的某人給發明出來了），但我會說，地球上找不到任何一個地方，有更多凝視著遠方的人。我曾沿著查爾斯河散步，看見數十個人坐在河岸邊的長凳上，他們凝視著河水，在帆船劃過的水面上，看見了某個瘋狂夢想的樣貌。世人有一天會看見這些人的夢想實現。麻省理工學院的人專門把東西造出來，把抽象概念轉變成務實的魔法。這是我初來乍到時最大的感觸：我可以在這裡做出我可以親手掌握的奇妙事物。

葛林大樓（Green Building）是我工作的地方，它有二十一層，是劍橋市的地標，而我的辦公室在十七樓。如今，我的辦公室堆滿了期刊和論文，書架擺滿了書：《光學》（*Optics*）、《小行星三》（*Asteroids III*）和《開天闢地》（*How to Build a Habitable Planet*）。一面牆上掛了黑板，上頭滿是我潦草的筆跡。有時候，我的辦公室看起來就和電影《美麗境界》（*A*

Beautiful Mind）裡的場景一樣。雖然我喜歡粉筆更勝油性筆，但偶爾，在我的黑板上，高等數學與抽象藝術會合而為一。

我上班的第一天早晨，當時我的辦公室還很空，只有大量的光線從大片的窗戶照進來。我向下俯視波士頓河的景色，以及不同角度的光線照在河面上形成的光影。我想起了在父親人生最後的日子裡，我和父親的某次對話，當時我告訴他，我決定要接受麻省理工學院的邀約。「以我的年紀來說，這是最好的機會。」我對他說。這恐怕也是我人生的巔峰了。我會在三十六歲的時候以終身教授的資格開始在麻省理工學院工作，在四十歲時擁有穩定的學術生涯與生活。一點一點的向前邁進。

他聽了之後瞪大了眼睛看著我。他應該是很高興我接受了麻省理工學院的工作，但他不喜歡我對這份工作抱持的心態。他說：「我永遠不想聽見你說，某件事是你人生的巔峰。」他的激動讓我有點驚訝。「我永遠不希望你為自己的期待設限。」那是他最後一次向我說教。

我坐在新辦公室裡，決定要放大自己的思維格局，試著把我的大腦變成一個無限擴張的宇宙。取得終身教職的重點在於獲得安全感，以便追求大膽而且成功機率極低的目標。我確認了自己一輩子在尋找的意義與使命：我想要找到另一個地球，然後在上面找到生命跡象。這樣的搜尋任務在類地行星發現者計畫時期最為認真積極，但現在被無限期擱置。沒了這個計畫，我必須另闢蹊徑。

幾年前，一位天文學家建議，或許可以使用一個新的觀測設備，也就是仍在研發中的詹姆斯．韋伯太空望遠鏡（James Webb Space Telescope），來尋找圍繞著比太陽稍微小一點的恆星、而體積比地球稍微大一點的系外行星，讀取它的凌日大氣數據。那樣的行星可能也是岩石行星，就像地球一樣。

當我搬到劍橋市時，另一個了不起的太空觀測儀器正在開發當中：克卜勒太空望遠鏡（Kepler），它是繼哈伯和史匹哲之後，新一代的太空望遠鏡。這個望遠鏡由物理學家比爾．伯如奇（Bill Borucki）設計，目的是打造一個專門用來尋找凌日系外行星的太空望遠鏡，以德國數學家兼天文學家克卜勒（Johannes Kepler）命名。克卜勒還小的時候，看見了一五七七年大彗星（Great Comet of 1577），從此對太空深深著迷。比爾希望讓我們體驗克卜勒在兒時眼界大開的感受：在天空中看見從未發現的新星。我沒有參與克卜勒的建造工程，但我向航太總署提出申請，並獲准搶先取得它的數據。接下來，我開始倒數它的發射日，直到它在二〇〇九年三月發射。我等了大約兩年。

麻省理工學院有個「凌日系外行星巡天衛星」（Transiting Exoplanet Survey Satellite, TESS），它也處於做夢的階段。這是第三個帶來無限希望的工具。我受邀參與它的開發過程。就和克卜勒一樣，凌日系外行星巡天衛星要搜尋凌日系外行星，但它的目標不同。這個世界上永遠有人在思考新的凌日技術。

體積巨大的克卜勒要尋找的是，在數千光年之外，以類似地球的軌道，繞著尺寸類似太陽的恆星運行，而大小類似地球的行星。只可惜，我們無法有意義的追蹤克卜勒的發現結果，以致無法了解那些地球般大小的行星是不是真的也類似地球。凌日系外行星巡天衛星的體積比克卜勒小一點，它會搜尋離地球比較近的恆星，也就是距離「只有」數十或數百光年的紅矮星。由於這些行星比較接近地球，也因為紅矮星比太陽略小，或許我們可以使用下一代的太空望遠鏡進行觀測，再透過行星的大氣尋找生命跡象。換句話說，克卜勒可以帶來數千個小世界，幫助我們了解地球有多少個潛在分身。假如凌日系外行星巡天衛星真的製造出來了，雖然它找到的類地系外行星數量會比較少，最多只有幾十個，但會有更高的機率找到岩石行星，這些行星的地表可以找到可形成漣漪的液態水，以及居住在其中的生命。

我閉上眼睛，試著想像住在那樣的世界會是什麼感覺。繞著紅矮星運行的系外行星若要獲得足夠的熱能來維繫生命的存續，就必須相當靠近恆星，以致自轉速度比地球更慢。它會和月球一樣，有「潮汐鎖定」的狀態，也就是永遠以同一面朝向母恆星，一面永遠有光照，另一面永遠處於黑暗中。在如此巨大的恆星旁邊，最適合生命居住的地方或許不是永遠有日照的那一面；距離母恆星很近也同時意味著，行星會接收到大量的強烈紫外線以及頻繁的劇烈星焰。對外星生物來說，最適合居住的地方或許是永夜的那一面，或是永晝和永夜的交界處，那裡有永遠的早晨或黃昏。

不過對我來說，這些條件都不宜居——至少根據我們對於「家」的狹隘定義而言。我可以理解，天文學社群的成員為何選擇在紅矮星附近尋找適居行星，但我有時懷疑，天文學家之所以尋找那種行星，只是因為做起來比較輕鬆，而不是因為他們想找到生命跡象。這就像是某個人因為在路燈底下才看得見東西，就只在那裡尋找遺失的鑰匙。在我的內心深處，我不想找到近似地球的行星，我想找到一個和地球一模一樣、最適居的行星。

即使有即將完成的詹姆斯·韋伯和克卜勒太空望遠鏡，還有夢想中的凌日系外行星巡天衛星，我還是隱約覺得，我們會錯過某些東西。父親的話始終在我的腦海盤旋，我發現，我一直在思索生命跡象的事。我的思考點總是會回到大氣、氣體，以及人類或其他生物所能夠呼吸的空氣。我提醒自己，外星空氣不一定和地球的空氣相似，不論是看起來或聞起來，都可能不同。因此，若要找到它，或許天體物理學家必須開發新的感官能力。

我的工作需要我投入幾乎所有的心力。我的心中一直有想要做出成績的壓力，我想成為第一、成為最優秀的那個人。我的努力為我帶來不少榮譽。我到麻省理工學院不久之後，就獲得美國天文學會頒發的華納獎（Helen B. Warner Prize），這個獎項設立的目的，是為了鼓勵年輕的天文學家。（雖然它以女性命名，但五十年來，我是第一位獲得此獎的女性。）

麥可無法透過家庭主夫的角色得到太多的肯定。若你總是能讓孩子準時上學，或是確保手邊永遠有尿布可用，沒有人會因此頒獎給你。而當我終於有一點時間不望向太空、轉看著地面時，我的目光總是聚焦在麥克斯和亞力克斯身上。兩個孩子年紀還小，無法跟著我們去冒險旅行，也無法長時間託給別人照顧。在職場，我是一顆閃亮明星。在家裡，我只是祥和表象下的一縷低語。麥可和我漸行漸遠，彷彿火星對兩顆衛星不再產生拉力。我和麥可心照不宣。那種隔閡悄然而至，但一旦形成，就難以否認它的存在。

我們兩個人當中，有怨言的人通常是麥可。他說，他都沒有變，他還是喜歡把獨木舟綁在車頂，在春天去尋找湍急的河水，下水泛舟，但我變了。他只希望能把他的泛舟夥伴找回來，那個在冬天和他一起計畫下一次的冒險，在夏天和他一起泛舟的夥伴。現在，他只能自己一個人做夢，然後自己一個人實現夢想。

我的第一個反應是去找保母幫忙。全家人搬到康科德不久後，我在網路的分類廣告看到了一則吸引我的履歷，它的甜蜜捕獲了我的目光：嗨，我叫做潔西卡，我十七歲。我是個高中生，住在沃爾瑟姆。我喜歡小孩⋯⋯。她在找放學後的打工機會。麥克斯和亞力克斯一見到潔西卡，就立刻愛上了她。潔西卡對他們很好，而且個性溫暖、活力充沛。我想，麥可對於能夠減輕負擔，應該會感到高興。我確定他有這種感覺，但他想要的不只是更多的時間，他想要的是更多有我陪伴的時間。

我想不出補救的方法。我的時間永遠不夠用。我們在錢的方面也有點吃緊。幾年前，我看上了一艘激流獨木舟，戴格（Dagger）製的競爭者（Rival），它美極了。在麥可最早的老鎮旅者之後，我們後來又買了好幾艘獨木舟，但我迷上了戴格競爭者，無法自拔。本來想在二手市場找一艘，但找不到合適的，於是我砸下大錢買了全新品，它有著藍綠色的船身，上面找不到任何刮痕。

麥可說，那是艘笨重的獨木舟，對我們來說太大也太平。他說，那是給初學者用的，不是給激流泛舟老手用的。不過，我們之中只剩一個人是泛舟老手。麥可在大多數的週末都會去泛舟；我愈來愈少和他一起去，到最後，我久久才去一次。我已經不想被弄的渾身又濕又冷了，再說，麥可和我當中必須要有人帶小孩。春天的時候，麥可和我難得見一次面。我在平日會工作到很晚，在學期末又特別忙，而麥可週末都不在，他會四處追逐融冰之後的河水，通常帶的是我的戴格競爭者。我們都有自己熱愛的事物。只可惜，就和許多夫妻一樣，另一半與熱愛的事物沒有交集。那種感覺好像是愛被錯配了一樣。

我們在某個階段會努力建立自己的人生，而人生就像是建案，有一長串待辦事項等著一項一項劃掉：養小孩，衝事業。可是宇宙實在是太遼闊了。但願有一天，我們會完成各自的追求，然後我們會再度找回彼此。「將來有一天我們會有時間，」我對麥可說，「將來有一天我們會有錢，將來有一天我們會有錢也有時間。」

我是認真的，我把這些話視為諾言。麥可和我找到了一個不是很自在的平衡點，我們假裝，有這個諾言就夠了。

●

克卜勒在二〇〇九年三月已經準備好要發射。麥可和我帶著兩個孩子一起到佛羅里達州卡納維爾角（Cape Canaveral）南邊的可可海灘（Cocoa Beach）。我必須參加一些會議，但我們全家人還是有時間一起玩。我們和其他從事太空相關工作的家庭一起住在海邊的飯店。我看著兩個孩子玩水，同時望向海岸，我覺得，我可以看見載著克卜勒的三角洲二號火箭（Delta II）就在發射台上，像遠方的摩天大樓般閃閃發亮。我很難相信這一切是真的。

發射時間是在晚上。我找到了一個保母來幫忙，她來到飯店，認真的看我讓兩個兒子在床上蓋好被子準備睡覺，然後幫他們刷牙。我只使用極少量的牙膏，所以孩子們不需要把牙膏吐出來。她覺得這招太絕了，我對著她那驚嘆的臉龐露出微笑。我即將要見證火箭升空，把太空望遠鏡送入宇宙深處。人類將能夠透過那個望遠鏡，找到數千個新的行星。不過我同意，在床上刷牙也是一件很神奇的事。

麥可和我前往甘迺迪太空中心（Kennedy Space Center），我們和數百位科學家和工程師在火箭花園（Rocket Garden）等待，其中有幾個人的臉上露出自豪的表情，周遭圍繞著興奮的家人。這天晚上天空無雲，但風有點大，一陣陣的強風朝著對發射不利的方向吹。我們沒有在距離發射台五公里的露天看台觀賞火箭升空，巴士把我們載到八公里外的觀賞區。我看到了比爾．伯如奇以及他的孩子和孫子，一個旅程即將完成，另一個旅程即將展開。無數的聚光燈照亮了火箭，那是在一片黑暗中唯一能看見的東西。儘管從遠處望過去，火箭看起來像是拋光後的石頭。對我來說，它看起來像雕塑品，像記錄美好一切的紀念碑。

航太總署的任務控制中心用擴音器廣播，能聽見他們正在進行最後的系統檢查。耳邊一再出現「正常」這個詞。在航太總署，這會是最想聽見的詞，因為它代表「出發」，火箭已經準備好要發射了。

比爾團隊投注了數十年的心力，花了好幾億美元來打造克卜勒。現在的他們既緊張又焦慮，還要為來的不是時候的強風而擔心。不久之前，航太總署的另一個發射任務失敗，新的衛星掉進了印度洋。火箭發射這件事沒有模糊地帶，每次的發射不是成功就是失敗：不是進入太空，就是爆炸墜落。

火箭的發動機開始點火，光線傳得比聲音快，有一、兩秒的時間，只看見無聲的爆炸火光。接下來，低沉的隆隆聲經過沼澤地，傳到我們的腳底，然後耳中塞滿了爆炸的巨大聲響。火箭離開了發射台，一開始緩慢升空，後來上升的速度愈來愈快，突破了地心引力的束縛。固體火箭助推器按照時程脫落，發出紅色的火光，向地面墜落。

搭載著克卜勒的火箭愈飛愈高，不到一分鐘的時間，它就消失在夜色中。克卜勒進入太空了。

●

天體物理學家對於規模的感知偶爾會有一點錯亂。我們知道宇宙裡有數千億個星系，每個星系裡有數千億顆恆星，這些天文數字會使我們的生活與親人顯得無足輕重。

矛盾的是，我們的工作同時能提高我們的自我感知。你需要相當強大的自我意識，才能夠相信你有可能找到「地球是宇宙裡唯一有生物存在的星體嗎？」的答案。天體物理學家永遠在自覺偉大與自覺渺小、驕傲與謙卑之間擺盪，答案取決於我們是向外看、還是向內看。

二〇〇九年十二月，我受邀到巴爾的摩的太空望遠鏡科學研究所（Space Telescope Science Institute）進行約翰・巴寇講座。約翰在二〇〇五年死於某種血液疾病。當時我正在出差，當我在查看電郵時看到一封主旨為「約翰・巴寇」的電郵時，我的心立刻下沉。我甚至連他生病了都不知道。約翰走了之後，我失去最堅定的支持力量。約翰不只是我的導師。在科學領域，他是個比父親更親的人。他和我爸非常相像：待人和善但要求很高，會鼓勵人但也不害怕批評人。約翰也和我爸一樣，毫無保留，也不需要解釋，就接納全部的我（包括我的極度專注與不懂社交禮節）。一個思維如此浩瀚無邊、腦中能夠建構所有星系與星際力學的人，卻被血液中微觀層級的缺陷擊倒，這件事令我很詫異。

雖然我決定做這場演講，也答應了另一場在國家航空太空博物館（National Air and Space Museum）的公開演講，但我知會主辦者，假如我的家人生了病，我就無法履行約定。我之所以這麼說，是有原因的。麥可一直看起來很健康、身強體壯，但他就和我父親一樣，一直有一種奇怪的胃痛。麥可的醫生告訴他要多吃膳食纖維。或許他只是便祕？但我對於這個診斷與處方都抱持懷疑的態度，因此，儘管用演講向約翰致敬對我來具有非凡的意義，但我打算為了家人而取消演講的意志，依然非常堅定。

所幸，當我要離開家，前往演講地點的時候，麥可沒有任何狀況。在博物館演講廳的休息室等待上台時，我和主辦者聊了一下。主辦者是鮑伯．威廉斯（Bob Williams），他最有名的身分是「哈伯深空」（Hubble Deep Field）圖像的催生者。我那天稍早曾和他碰過面，現在又多聊了一會兒。我們之間新萌芽的友誼令我感到訝異，因為他是個如此有成就、有決心的人。

早在九〇年代中期，鮑伯是太空望遠鏡科學研究所的負責人，擁有使用哈伯望遠鏡的部分權利。哈伯望遠鏡的每分每秒都代表了無限的可能性，而鮑伯想要把他有權使用的有限寶貴時間，抽出十天讓哈伯對準大熊座（Ursa Major）的一個小區塊，那個大小相當於你把一分錢（直徑接近一元新臺幣）拿在手裡，然後把手伸直，所看到的大小。許多天體物理學家都強力反對他這麼做。當時的普遍看法是，那個區塊是個空無一物的地方，沒有任何天體存在，因此，讓哈伯盯著那個空無一物的區塊超過一個星期的時間，簡直是浪費到了極點。就連約翰．巴寇都加入強烈反對的陣營。但鮑伯毫不退縮。於是哈伯在那充滿爭議的十天，對著那個區塊拍攝了數百張圖像。結果，「哈伯深空」向我們揭露了三千個人類從未見過的光點。不是三千顆新星，是三千個新的星系。鮑伯．威廉斯幾乎靠一己之力，就發現了天文數字的新世界。

「莎拉，我們保持聯絡。」鮑伯在演講結束後對我說。

我一回到家，麥可就告訴我，他覺得身體不舒服。他這次的胃痛和以前不同。他全身無力，在床上躺了一整天。我一度猜想，當我擔心自己不能演講時，是不是就預見了這個急轉直下的情況。我主要是擔心麥可說不定出了什麼問題。他很少生病。每年此時是流感流行期，而小孩子是病菌的大本營。但麥克斯和亞力克斯都沒有生病，我也沒有感到任何不適。生病的人只有麥可，我推測原因不是流感。

麥可後來有好轉一小段時間。一個星期後，他在星期六再度病倒。他痛到額頭冒出大顆大顆的汗，胃也發生痙攣。又過了幾乎整整一個星期，也就是下一個星期六，他第三次病倒。我打電話給麥可的醫生，他要我把麥可送去急診室。我質問他：「麥可到底生了什麼病？」

他低聲對我說：「莎拉，情況很嚴重。」

我把麥可搖醒，但他昏昏沉沉的，完全不想動。我把他和兩個孩子弄上車。我送麥可到康科德當地醫院的急診室，然後開始思考，該怎麼處理麥克斯和亞力克斯。我沒有可以求助的對象。我們固定配合的保母（甜美又有活力的潔西卡）已經去上大學了。我在當地沒有其他朋友。我能請麻省理工學院的同事幫我把衛星送上太空，可是請他們幫我顧小孩我說不出口。父親死後，我和家人的關係更為疏遠，除了彼此住的地方相距很遠，心也離得很遠。絕望之餘，我打電話給麥克斯和亞力克斯共同好友的媽媽。她說：「沒問題，帶他們過來。」我開車送兩個孩子去她家，然後立刻返回醫院。

我抵達醫院時，麥可像個沒事人一樣。我一走進他的病房，就看到他臉上露出淺淺的微笑，他的胃已經不痛了。不論醫生給他吃了什麼藥，我也想來一份。

醫生幫他拍了腹部的X光片，說上面顯示出一個腫塊。問題在於，那是哪一種腫塊。腔體四周呈現一片漆黑，看起來好像麥可的身體裡裝滿了墨水。

我們需要等待更明確的結果。等待結果的過程是個很奇怪的感覺。在發現麥可腫塊的隔天，我打電話給另一個保母戴安娜，她是個冷靜而且一絲不苟的人。我們以前請過她，但她後來改到某個家庭擔任全職保母。令我吃驚的是，她又有空來幫忙了。我請她來我們家照顧兩個孩子，在接下來的幾天，我都在麥可的房間裡陪他。外面的世界就此消失了。

麥可的身上裹著白色被單，而我周遭繞著一堆嗶嗶響的機器。我不確定我希望從醫生那裡聽到什麼。一方面，我希望他們找到明確的病因，因為這樣才能對症下藥。我受不了混沌不明的感覺。我想要把未知的事情弄明白，像是太空裡的那個區塊是不是真的一片漆黑、空無一物，以及地球是不是宇宙裡唯一有生物存在的星球。但另一方面，我很害怕聽見真正的答案。答案所代表的意義讓我很害怕。

幾天後，麥可的腸胃道專科醫師來到病房。他告訴我們，麥可的小腸差點完全阻塞。「那團東西很大，」醫生說，「可能是腫瘤，也可能不是。」

麥可坐在病床上不發一語，顯得很冷靜。即使他心中感到害怕，他也沒有表現出來。我的腦海立刻浮現了最糟的情況。我眼前的老公，曾和我一起同遊沃拉斯頓湖，後來也和我一同經歷了其他種種，他是如此強壯、堅毅和樂觀，而現在我滿腦子只想著，他腸胃道裡的腫塊即將把他從我身邊永遠帶走。我不能失去他，不是現在，還不是時候。我向他許下了諾言，我想要兌現我的諾言。我開始放聲大哭，哭到喘不過氣。

醫生說：「不要哭。」他很理性，但他說話的方式，就像是看到孩子在店裡鬧彆扭而責罵小孩。

我沒有止住哭泣，反而哭得更厲害了。

「別再哭了，」醫生再次對我說，「可能沒事，他也許連化療都不需要。」

他像旋風般離開病房，留下麥可和我互相對望。麥可沒有掉一滴淚，但我的眼淚流個不停。在那一刻，我們看著同一件事，卻解讀成兩種截然不同的意義。麥可只看見健康好轉的可能性，而我再次看著一個與我彼此相愛的人，同樣受盡胃痛的折磨。我看不見任何希望。

麥可在星期五出院。切除腫塊的手術不是緊急手術，而是非急需手術。在手術之前，他需要進行特別的飲食控制（大量的白麵包，不能吃青花菜，也就是與健康的飲食方式反其道而行），以避免刺激腸胃蠕動。與此同時，我們有一點時間可以在當地尋找合適的外科醫生。但就在開始尋找之前，麥可又進了醫院的急診室，因為他的背部出現劇痛。他曾告訴醫生，他之前發生過部分椎間盤突出的狀況，所以不適合在床上躺太久。但那些醫生置之不理，結果在診斷期間，麥可整整在床上躺了五天。而現在，他覺得神經極度疼痛，沿著左腿一路痛到腳踝，他的腳踝已經不能使用了。急診室的醫生開了高劑量的止痛藥之後，就讓他出院。我開始懷疑，麥可在人生的最後階段，是不是沒有藥物就活不下去。

在別人的推薦之下，我們與麻省總醫院（Massachusetts General Hospital）的一位外科醫生預約諮詢。他的作風讓我很震驚。那位醫生處世圓滑，衣冠楚楚，並一再強調，麥可的手術對他來說有多麼稀鬆平常，就像家常便飯一樣。「一大堆人做這種手術。」他說完之後雙手砰的一聲拍在桌子上。他每年要做一千多次手術。我們只能盼望，一大堆人接受的治療方法，就是最好的治療方法。那位外科醫生說，只要我們準備好，隨時可以簽手術同意書，然後就走出去了，想必是不帶感情的去為某人的丈夫開刀，就像屠夫宰豬一樣。

麥可和我面面相覷。我們都想找到很酷的專業人士，和我們站在同一個陣線，幫助麥可打這場仗。但也同時希望，這個人能把麥可和我當人看。

我向麻省理工學院的一位同事抱怨這個不太愉快的經驗。她的姊姊恰好在附近的布萊根婦女醫院（Brigham and Women's Hospital）擔任外科醫生。打了幾通電話之後，我們和她的姊姊約好在隔天做諮詢。伊莉莎白・布里（Elizabeth Breen）的行醫哲學似乎與麻省總醫院那位醫生恰好相反。她是知名的大腸直腸外科醫生，但仍然保有人性關懷。她告訴我們，她如何仔細研讀每位病人的病歷，以及她在開刀房裡的嚴謹作風。在她的口中，手術比較像是一門藝術，而不是一門生意。我們選擇了她。

麥可自己一個人去和布里醫生做術前諮詢。照理說，那是個簡短的例行性諮詢。我工作了一整天，在搭火車回家的路上，麥可打電話告訴我說，他那天晚上不能回家。火車的吵雜聲使我聽不清楚他說的話。

「什麼？你在說什麼？」

醫院在隔天早上為麥可排了背部手術。他的腳踝現在變得硬邦邦的。麥可的腹腔手術安排在一、兩個星期之後。布里醫生希望在為麥可開刀之前，先解決腳踝的問題，因為麥可在手術後需要靠走路來復原。所有的事情都擠在了一起。

我告訴麥可，我會趕去醫院，我可以請戴安娜去照顧麥克斯和亞力克斯。但他說不用麻煩了。當時是下班的通勤尖峰時間。「回家陪孩子吧，」他說，「你明天再來。」

當我從這個嚇人的消息平復之後，我想起我隔天需要飛到多倫多，向母校的一個學生社團演講。很顯然，我必須取消這場演講。我很不想這麼做，因為自從我成年之後，我總是實踐我的每一項承諾。我極度厭惡被別人視為不可靠的人。但不論你怎麼信守諾言，病痛才不管你的日程表怎麼安排。為了減輕罪惡感，我打電話回多倫多大學，找一位我在研究所時期就認識的教授。他有豐富的演講經驗，我問他能不能代替我去演講。他問這場演講有沒有演講費。

「沒有。」我告訴他，這是一場無償演講。

「那沒辦法，」他說，「我演講是要收費的。」

那位教授就在校內。他可以信手拈來隨便講一些東西，帶領大家在天際翱翔。他一個小時的演講，可以讓極度焦慮的我好過很多。此時我需要盟友幫我一個簡單的忙。

「你是說真的嗎？」

在接下來的幾個星期和幾個月，我發現，某些人的溫暖善意讓我和麥可感動莫名。多年前的鄰居貝絲和威爾，每每在我們需要他人的智慧與安慰時，像家人一樣的供應與照顧我們。然而，更常遇見的情況似乎是，人們的麻木與無情使我們失望。那位教授不願意幫忙，這讓我很傷心。我打電話給學校取消演講，我覺得我讓別人失望了，而我自己也感到很失望。只要換個視角，一個人（甚至是一整個地球）有可能變得無足輕重，同樣的，在突然之間，我的社群在我眼中變得冰冷而遙遠。

麥可在醫院裡，我在家裡。我們不再一起孤單，我們各自孤單。而戰鬥才剛開始。在當時，麥可和我都沒有意識到，我們開始進入了平行的惡性循環：每個可能的治療方法都伴隨著擔憂，每撫平一個創傷，另一個創傷就出現；每個善意之後，會有另一個傷口。

第七章

統計上的問題

尋找系外行星最大的障礙之一，是搜尋所需要花的時間。整個天空布滿了最近且最亮的類太陽恆星，代表太空望遠鏡一次只能看見其中幾顆。假如要透過哈伯或史匹哲盯著某個星系，希望能看見連天文學家都不確定是否存在的星球的影子，所耗費的成本高得驚人，而且也很荒謬。若要精確繪製出一張星系圖，可能需要好幾年的時間。所以當鮑伯・威廉斯要用僅僅十天的時間來探測哈伯深空時，一開始就遭到天文學界許多成員的反對。

我一直試著擬定長期計畫來尋找另一個地球。我想要讓自己投入某件事。類地行星發現者計畫被擱置了，而詹姆斯・韋伯太空望遠鏡又還沒造出來；因此，我不可能利用另一個巨大的機器來尋找答案。就在這個時候，我發現天文學界有個叫做「立方衛星」（CubeSat）的東西，那是標準規格的小型衛星，因為小，所以比較便宜，也比較容易製造與送入太空。

假如我在太空裡排出一群立方衛星，每個衛星只負責觀測一個恆星，那會怎麼樣？我想像出一種類似土司大小的太空望遠鏡，組成一大批先發偵察兵，分布在軌道上。每個衛星在軌道上定位，固定觀測某一顆類太陽恆星，要觀測多久都可以；每個衛星負責蒐集某一顆恆星的所有資料。哈伯、史匹哲和克卜勒的視野非常廣闊。或許我們現在需要的是，數十或數百個視野較窄的觀測工具，以凌日法為主要的探測方法。地球的亮度或許比太陽小一百億倍，但地球與太陽的面積只小了一萬倍。立方衛星無法觀測大型太空望遠鏡觀測到的東西，但它們可以鎖定目標，死死的盯著不放。

我去找大衛・米勒（David Miller）談。他是我的同事，也是工程學教授，他負責教一門我後來非常喜歡的課：為大四生開的設計與製造實作課。那門課剛開的時候，是個完全創新的課程，因為它是以專案的方式進行；上過幾堂簡介課程之後，學生就要開始製造真正的衛星。我問大衛，能否用他的班級來孵化我的立方衛星構想。

大衛從一開始就對我的點子非常投入。麻省理工學院最棒的一點或許是，不論你的點子有多瘋狂，在證明它行不通之前，沒有人會否定它。不過，要把太空望遠鏡塞進立方衛星大小的東西裡，確實是相當瘋狂的點子。最大的挑戰在於，要製造出體積很小的衛星，它要夠穩定，能夠蒐集到清楚的資料。這是一件很難辦到的事，因為小型衛星在太空中很容易被推離原來的位置。想要測量某顆恆星的精確亮度，就需要讓衛星的質心固定在同一個範圍，大小不到一個像素，直徑遠比人類的頭髮更小。我們必須做出比現有的立方衛星好一百倍的東西，那就像是製造比現今最好的汽車引擎優越一百倍的汽車引擎。

大衛說：「我們動手做吧。」

我的人生主軸變成在研究對比，光與暗的對比，希望與絕望的對比。白天，我在麻省理工學院與學生試著看見。晚上，我在家裡和麥可在一起，努力裝作什麼也沒看見。麥可的背部手術據稱算是成功，但他的腳踝已經無法完全復原。我有時候會想著，康科德醫院的醫生是如何忽略麥可說的話，而麥可又是如何默默接受醫生的置若罔聞，最後導致他的腳踝毀掉。我知道，天體物理學家或許是世上眼光放得最遠的人。我也明白，天體物理學家是以十億年為單位來思考的少數人。儘管如此，我還是不禁會想，人們為何為了一些眼前的短期效率，選擇忍受終生的惡果。我們為何不願忍受短暫的不舒服，而寧可承受永久的不適？那是我最難以理解的人類盤算。

麥可回到家裡休養，等待幾週後的第二次手術。最後，他接受手術的日子終於到了。我們回到醫院去。麥可換上了手術服。我們坐在簾子後面，彷彿這樣就能擁有隱私一樣。我焦慮得坐立難安，但麥可看起來堅強，至少，表面上是如此。

然後，布里醫生身穿開刀服出現在我們眼前，她看起來胸有成竹，充滿自信。「情況有點複雜。」她開始說明麥可的狀況，她接下來所說的話我全都有聽沒有懂。我只記得，我當時覺得，她說的內容和她的自信表情並不相稱。她似乎在降低我們的期待，幫助我們做最壞的打算。她會切除小腸的患部以及附近的淋巴結。假如麥可罹患的是癌症，那些淋巴結會告訴我們癌細胞是否已經擴散。那些淋巴結不是病魔的入口、就是病魔的防線。

麥可坐在輪椅上讓人推走了。我在偌大的等候室裡找了椅子坐下來。房間的中央有一張巨大的弧形桌子，後方坐著工作人員，他們受過的訓練使他們表現出一副沒當過病人的態度。他們的身旁圍滿了憂心如焚的家屬。這裡的人分為正在工作的和正在等待的，兩者臉上的表情有天壤之別。坐在桌子這一邊的工作人員擺出了撲克臉，站在桌子那一邊的患者家屬看起來心亂如麻。

我開啟筆電，試著讓自己遁入立方衛星的世界裡。我們一開始把這種衛星稱作「系外行星衛星」（ExoplanetSat），最後則命名為「阿斯忒里亞」（ASTERIA，希臘神話的女泰坦）。立方衛星比一般的衛星便宜很多，因為它比較小，也比較容易投放；它所占的空間也小很多。投放衛星的成本為每公斤二萬美元。只可惜，低成本也使得立方衛星的失敗率變高。許多成品根本不能用。我們管這些成品叫「ＤＯＡ」（dead on arrival，抵達前死亡），這術語是從醫生那裡借來的，原本是用來描述沒有機會急救的病人。

我們最先遇到的是統計上的問題。（事實上，所有的問題都是統計上的問題。）我們必須知道，需要投放多少顆衛星才能有合理的機率，找到一個和地球差不多大小的行星。宇宙裡有數千顆亮度高、類似太陽的恆星值得觀測，但我們沒有能力打造與管理數千個衛星。我們也知道，由於凌日現象的時間非常短暫，看到像地球大小的行星經過類太陽恆星的機率只有二百分之一。此外，毫無疑問的，有些衛星會故障、或是失蹤。假如只能投放幾個衛星，那麼我們就必須做好策略規劃，或是必須非常幸運，才可能找到想找的東西。當我們精心揀選出鎖定的恆星清單，就可以計算出最佳的衛星數量，使預算控制在合理範圍內，但仍然有相當高的成功機率。現在回頭看，我在那個時候計算機率，實在是很不可思議的事。

數小時後（感覺像是過了好幾個日夜），我聽到廣播在叫我的名字。布里醫生從開刀房出來見我。她看起來很累。手術比她原本擔心的情況更複雜：麥可的腸道糾成了一團。他會胃痛是因為食物卡在腫塊後方，就像是排水管堵塞了。布里醫生在開刀房裡快速的為腫瘤做了切片檢查，並沒有看見明顯的癌症跡象，但最後的結果要等實驗室進行更多的檢驗之後才能確定。不管怎樣，到目前為止，情況還不錯。

麥可的弟弟丹前來探病。在接下來的一個星期裡，我們輪流在醫院陪麥可。布里醫生宣布檢驗結果時，我不在場。麥可打電話給我，就像我父親那天打電話給人在芝加哥的我一樣：他得了克隆氏症（Crohn's disease），一種非常折磨人的發炎性腸道疾病。腸胃潰瘍導致腫塊的產生，而麥可體內的那個腫塊是惡性腫瘤。癌細胞已經擴散到鄰近的淋巴結了。麥可的狀況屬於第三期，還沒有到末期，至少不是毫無希望。

我急忙趕到醫院。當我衝進麥可的病房時，他看起來可以說是容光煥發，顯露出他固有的一派樂觀，好像在排隊等著下水泛舟一樣。他沒有露出任何一絲的擔憂。他說，情況有可能更糟。第三期總比第四期好，至少他還有奮戰的機會。

「我只是需要復原而已。」他說，彷彿他面對的是日常的待辦雜務清單。

我只是需要整理一下草坪。

我只是需要洗一下碗盤。

我只是需要復原而已。

我坐在他的床邊看著他，心中驚訝不已。他復原的機率到底有多少？

●

麥可在二月回到家裡休養，展開術後復原，以便接受化療。他這段期間的睡眠時間很長。黛安娜對我們很有情，她在孩子放學之後必定會出現在我們家。但我仍然需要有人在早晨幫忙，以及幫我稍微整理一下家裡。我在網路上刊登徵才廣告，找到了克莉絲汀，她五十多歲，人很親切，而她對清潔工作的熱愛，令我百思不解。我告訴她，我可能需要她幫忙六個星期左右。我和麥可認為，麥可大概需要這麼多時間來適應新生活。

我認為克莉絲汀是個不可或缺的幫手，是我的救星，但麥可對她的看法和我不同。

他認為克莉絲汀只是來替他完成他原本的工作，因此有時對她的態度不太好。麥可認為，只有他能用對的方式整理廚房，只有他能用對的方式採買日用品，只有他能用對的方式把後門廊階梯上的雪鏟掉。我開始一一認識他所做的每件事，很多事情是當我在生活中遇到不便時，才發現它的存在。我難以理解的不只是他做了哪些事，還有他做事的方法。他有一套煮咖啡的特定方法。我搞不懂咖啡機要怎麼使用，或是要加多少水。暖氣爐這類更大的家電，就更別提了。

有一天，我在浴缸裡發現了麥可的大肥貓莫莉。她看起來一副很疑惑的樣子，彷彿她不知道自己是怎麼進到那裡去的。我懂那種感覺。我把她從受困之處抱出來，然後我開始留意她的狀況。她看起來不太對勁。我帶她去給獸醫看，結果發現她有肝衰竭的問題。獸醫開了一種很大顆的黃色藥丸，我必須把這種藥丸塞進她的喉嚨裡。現在，麥可和莫莉同時生病，互相陪伴。我知道，莫莉顯然撐不過這個關卡了。一個月之後，我在浴缸裡找到了她，她瘦骨如柴，奄奄一息。

我告訴孩子，莫莉不能再繼續陪我們了。我是哭著跟他們說的。我下意識的覺得，我怎麼安排莫莉的後事，可能對他們倆非常重要。我不知道，我能否像我的父親對我一樣，為我的孩子好好說明人生的一些重要道理。我想讓他們知道，我們可以找到對的方法，好好道別。我告訴孩子，我們必須對莫莉好一點、對她多一點耐心，提供她一切所需，最主要的是，給她愛。我們拍了很多照片。我告訴孩子，回憶很重要，只要不忘記，所有的事物都永遠活在我們心中。

某天清晨，我發現莫莉一動也不動，異常安靜，我知道時候到了。我請孩子上樓來看她。他們倆當時還穿著睡衣，我們坐在莫莉的身邊陪著她。她在我們的手裡嚥下了最後一口氣。

當時麥可正在睡覺。我不想把他叫醒。除了「莫莉離開了我們」這件事之外，接下來還有很多其他的事，都是孩子們比麥可更早知道的。他們不記得圖克圖死掉的事，因為那時他們還太小。現在的他們依然還小，但突然之間似乎長大了一點。

若是平常，麥可會開始處理接下來的事。我想，我們應該埋葬莫莉，但此時是冬季，地面鋪滿了雪，還結了冰，我挖不了洞。我不知道該怎麼辦，於是把她包起來，放進地下室的冰庫裡，讓冰庫權充停屍間。這個舉動算不上溫柔，但為我爭取到一點思考的時間。然後，我帶孩子們去 Dunkin' Donuts 吃甜甜圈當早餐，讓他們開心一下，分散他們的注意力，也分散我的注意力。我送他們去上學，然後回家等麥可起床。幾個小時後，我打電話到學校，擔心麥克斯和亞力克斯會心情低落。

「他們很好，」校長對我說，「他們只有跟我說，他們到 Dunkin' Donuts 吃早餐。」直到他們那天回到了家，他們才想起來要難過。

麥可已經準備好要做化療。我們到當地醫院去見麥可的腫瘤科醫生D醫生。打從麥可癌症確診之後，我立刻開始採取我面對未知事物時的一貫模式：做研究。我開始展開對罕見小腸癌症的研究。我研讀醫學回顧報告，然後順著裡面的引述，追溯到其他的論文，找到那些論文的作者。我寫電郵給德州大學安德森癌症研究中心（MD Anderson Cancer Center）的頂尖專家，利用我的麻省理工學院教授頭銜，來引起對方的注意。學者一同建立的錯綜複雜的龐大知識網絡，就像螞蟻分工合作挖出蟻穴一樣。麥可的癌症極為罕見，研究文獻才剛開始累積，但我鍥而不捨的追查每一條線索，追到不能再追為止。

D醫生不像我這麼積極。他的資訊似乎嚴重不足，而且非常沒有好奇心，這使得我極度憤怒與害怕。我焦急得想在牆上打出一個洞、想把椅子扔出窗外。D醫生對於自己的無知程度，毫無概念。

但我非常有概念。我沒有讓麥可知道我所知道的東西，但我知道實情是什麼。和麥可罹患相同癌症的患者樣本很小，而樣本人數少容易導致研究結果出錯。可是目前的研究結果很明確，存活時間的中位數是十八個月，五年存活率是零。我問D醫生一些一針見血的問題。他露出驚慌的表情，問我是不是生物研究員，彷彿他意識到自己沒有認出對方的身分，還用了錯的方式對話。我可以察覺到這位腫瘤科醫生的恐懼，他的不自在給我看得一清二楚。他知道，我知道的東西比他還要多。我沒有停止向他追問。我是個追求真相的科學家。

「我們必須再觀察看看，」他說，「我們會竭盡所能。」

但他仍然不夠坦白。我坐在他的對面，盯著他那堅定的表情，想起了我父親的醫生。那個醫生盯著我父親唯一能張開的眼睛，對他說，他的病情會好轉，絕對沒有騙他。從什麼時候開始，醫生也兼當信仰療癒師了？

當我發現麥可非常喜歡D醫生時，我其實不該感到驚訝的。他只想盡可能的聽到最多正面的說法。他開始參加團體治療，那是他在生病之前，連想都沒想過要做的事。他沒有告訴我團體治療的情況，而我也沒有問。他正試圖拉開我們之間的距離。我一直不確定，他想保護的人到底是誰。

那年夏天，我試著去尋找屬於我的正向答案，不是相信麥可能夠抗癌成功，因為我知道這不是我們能掌控的事，我想要找出的是，把每天用到淋漓盡致的方法。我開始對於大家熟知的「遺願清單」（bucket list）很執著。我告訴麥可，他應該寫一張這樣的清單，我也開始思考我自己的清單。我用做實驗的精神來擬出這個清單。我問我認識的每一個人：「假如你只剩下一年的生命，什麼是你想做、但還沒做的事？」大多數人給出的答案很類似：**多花一點時間和家人相處。去做令你著迷的事，而不是謀生的工作。**

我知道，我只擅長其中一項。

我觀察麥可，想學到一些東西。儘管遭到癌症蹂躪，麥可依然非常強壯。不是每個人都能做完化療的整個療程，而麥可卻可以騎自行車去做化療。那年夏天，他想要去划獨木舟，那時他的化療才完成一半。醫生把一次療程挪開，給了他三個星期的休息時間。麥可跟著一個旅行團飛到愛達荷州，參加為期好幾天的激流泛舟。他回來的時候，我去機場接他，他晒黑了，外表看起來頗為粗獷，臉上留有一點鬍渣，戴著一頂破棒球帽。他看起來很不錯。我們在一起超過十五年，一起經歷過太多事情，但那天在機場，他看起來就像年輕時一樣。

到了八月，我請麥可帶我和孩子去划獨木舟。在我的心中，我覺得那可能是我們最後的機會。我想讓麥克斯和亞力克斯認識我當初愛上的那個麥可，見證麥可挺直著身體划獨木舟的英姿。麥可拒絕了。他說，他已經沒有體力了，而孩子們也不會開心；我們上次帶他們去划獨木舟的時候，他們一直在發牢騷，你忘了嗎？我流著眼淚對他說，這對我非常重要。但他對我搖搖頭。

不過，麥可和我做了一件本來不可能做的事。我們在新罕布夏的滑雪度假中心租了一棟別墅。那時已經是夏天的尾聲，所以度假中心相當安靜。我們開車上華盛頓山，這個選擇令我有點沮喪。上華盛頓山的方式有兩種，有些人從那一面的山路健行上山，有些人從這一面的馬路開車上山。我和麥可最愛的一直是荒野冒險，我們屬於健行上山的那群人，但這次我們必須開車上山。

山頂的風很大，停車場停滿了車。我的心情很低落，直到亞力克斯宣告他的志向。他緊緊的抱著一支標誌桿，免得自己被強風吹走，他一天到晚穿著的那件紅色睡褲，儼然像是風帆。「將來有一天，我要自己走路爬上華盛頓山，」他說，「我要創造世界紀錄。」我很想哈哈大笑，但我的心中湧現出滿溢的感激。他依然充滿了希望。他涉世未深，沒有理由不這麼做。將來有一天，我們要健行上華盛頓山。將來有一天，我們或許可以締造世界紀錄。

那年秋天，麥可和我小心翼翼的找回對彼此的感覺。我們都有一種黑暗到不行的黑色幽默。當院子裡的冰融化之後，麥可立刻為莫莉挖了一個洞。為了盡量不讓麥可感受到死亡的氣息，我在埋葬莫莉之前，預先把她那結凍的屍體，從權充停屍間的冰庫拿出來。我們挖出來的土不足以把洞完全覆蓋，我只好拿一塊大石頭把洞完全遮蓋起來。「泥土都到哪裡去了？」麥可笑著說。

米妮梅的身體也愈來愈衰弱了，於是麥可挖了另一個洞。她或許可以撐到冬天，麥可不希望再有貓放到冰庫裡，他希望先做好準備。他非常細心，把挖出來的泥土堆在洞的旁邊，以便再蓋回去。他說，他不知道到時候是他來完成這個工作，或是我必須再找另一塊大石頭來埋葬我們的貓。說完之後他露出微笑，我也對他微笑，然後我們之中的某個人開始大笑，於是另一個人也跟著大笑。我們已經好久沒有這樣一起大笑了。究竟是誰先入土為安？我那生病的丈夫、還是家裡那隻病懨懨的貓？我已經遺忘，我們的笑點是哪個了。

麥可在十月又做了一些掃描檢測，來了解化療有沒有起作用。結果是沒有起作用。他的小腸表面長了更多腫瘤，塞滿了他的腹腔。癌細胞已經擴散了。會在放療期間擴散的癌細胞都很致命。麥可的病況已轉為末期。

本來，我應該要在星期天飛到義大利參加會議，我在那個星期五對麥可說：「我會取消所有的行程。」。麥可說不必，我應該去參加會議，他沒那麼快死。D醫生曾告訴他，**他還有好幾年的時間，不是好幾個月。**

「好幾年，不是好幾個月。」麥可向我複述。

D醫生不是在說謊、就是搞不清楚狀況。我看著麥可，做了一件我這輩子所做過最困難的事：我向他點點頭。

●

我從義大利回到家的隔天，奇蹟出現了：D醫生打電話告訴我們，他弄錯了，麥可的病況還沒到末期，有機會治好。雖然他長了新的腫瘤，但那些腫瘤不是惡性的，和小腸的腫塊沒有關係。D醫生會把掃描結果送去做更多分析，但一切會沒事的。不論我們原先做了什麼人生計畫，都可以考慮繼續保留。

在蛇形丘度過長夜之後，我不確定這輩子是否還經歷過類似逃出鬼門關、如釋重負的感覺。就像是森林大火的驚嚇改變了我們一樣，我們覺得這次的病也改變了我們。我們不再談論遙遠的光明未來，不再談論將來哪一天把遺願清單的某個項目劃掉；我們不想再等待美好的未來降臨，開始只談現在的事。我們談到要糾正所有的錯誤、擺脫所有的不幸。漫不經心讓我們差點失去一切，然後癌症出現，威脅要奪走我們僅剩的零碎生活。不只是麥可得到了重新來過的機會，我也是，我們兩個人都得到了重新來過的機會。麥可和我向彼此給出新的允諾：我們要把每件事推回正軌。我們要重新盤點，什麼是重要的事，什麼是不重要的事，然後一起做對的事。

過了十天幸福快樂的日子之後，D醫生來電請麥可回去找他。

他有一些壞消息。

他原本的判斷是正確的。

到了十一月的時候，麥可已經準備好要繼續接受化療。他維持一貫的樂觀態度，他似乎真的相信，就算他得的癌症會致命，時間也不會來得那麼快。我沒有把我知道的事實告訴他。在他接受第二輪化療的前一晚，他甚至覺得，他可能不需要再做化療，不是因為他遲早會死，而是因為他的病況並沒有那麼糟。

麥可不願意面對現實，這件事令我覺得莫可奈何、又感到難過。自欺欺人造成的傷害其實很大。人們常說「真相會傷人」，然後會接著說，謊言是「無害的」。這簡直是鬼扯。麥可的滿懷希望開始給我一種不祥的感覺。他需要開始思考，如何使用僅剩的時光，而不是細數他沒有機會擁有的日子。我知道D醫生下次見到我們會說些什麼，因為他已經無法再繼續撒謊了。

「麥可，」我對他說，「你要現在從我這裡聽到實話，還是明天從醫生那裡聽到？」

「我想，從你這裡吧。」他說。

「你的病情很嚴重。我們不知道你還能活多久，但不會太久了。」

他長長的嘆了一口氣。然後他走到樓上，打開孩子房間的門，看著睡夢中的麥克斯和亞力克斯。在安靜的黑暗之中，他的眼眶開始泛淚，說：「我最大的遺憾，就是無法看見他們長大後的樣子。」

當悲劇發生在你身上，或是你深愛的人身上，你的腦袋會開始做一些奇怪的事。你會開始花很多時間回憶過往。你的人生會在你的腦海裡播放一遍。你會想起從前那段相對來說無憂無慮的日子，你也會重溫快樂的人生片段。人生中後來發生的事，使過去那些快樂的畫面變得模糊，並沾染一層感傷的味道。在災難發生之前，你展望未來，為你的現在創造意義。災難發生之後，你會開始向後看。麥可不再向前望了，他開始回憶過去。他想起自己第一次凝視麥克斯藍色眼睛的情景，想起了獨木舟之旅，還有火箭發射。現在，他知道了我所知道的事。他看著熟睡中的孩子，終於開始哭泣。

麥可還是去做了化療，而化療抽乾了他的體力。有一天晚上，他到樓下來，與麥克斯、亞力克斯和我一起吃晚餐。他推開盤子，把頭放在餐桌上。他睡了大約十分鐘，醒來時一臉疑惑，說：「我的頭好痛。」然後就回到樓上去躺下。他一口東西也沒吃。

我看著兩個孩子，想了解他們怎麼看待他們的父親。

我問：「你們覺得，你們的爸爸是生病的爸爸、還是平常的爸爸？」

他們彼此對看，試著確定自己給出的答案是正確的。他們沒有向對方說任何一句話，只是彼此對望。

他們異口同聲的說：「平常的爸爸。」他們的記憶裡，只剩下生病時的麥可。

●

聖誕節過後不久，麥可的醫生和我們聯絡。第二輪化療沒有太多效果。新的腫瘤沒有出現，但原來的腫瘤也沒有變小。麥可的癌症會與他共進退。

跨年夜，我帶兩個孩子上床睡覺，然後和麥可在餐桌邊坐下。我們多少都累了，便什麼話也沒說，只是對望，就這麼過了許久。我猜，我們一直是如此。家裡的燈幾乎都關掉了，整棟房子靜悄悄的。那年冬天下了很多雪，不斷飄落在會反光的白色大地上。在那天夜裡，我們家的院子似乎比廚房擁有更多光亮。

「哇，」我說，「今年是有史以來最糟的一年。」

麥可用他當年在蛇形丘看我的眼神看著我，不再隱藏他的恐懼。

他說：「明年會更糟。」

第八章
一顆星星殞落

死亡是一瞬間的事。唯一有差別的是，邁向死亡的過程是短、還是長。麥可的死亡過程拖了很久：從確診到死去，歷經十八個月。他是個統計上的完美範例；他的病情幾乎每天都按照預測的時程發展。那也代表，他符合人們描述抗癌過程時所使用的所有比喻和刻板印象。死因分類統計上，麥可會被歸類為「長期抗戰」，而不是「瞬間死亡」。基於某些理由，人們只有在談論事故死亡時，才會用「瞬間死亡」一詞。有時候，「瞬間死亡」的概念是用來淡化情況的悲劇性：他不知道今天就是他人生的最後一天。他走得太快。我們還來不及道別。還有些時候，這個詞是用來表達安慰之意：至少他沒有受苦。他死的時候正在做他熱愛的事。他甚至不知道自己是怎麼死的。

在理性上，我明白這種區別有所必要。車禍死亡和癌症死亡給人們的壓力截然不同。前者是一個人突然死去，後者是一點一點慢慢死去。它也像是建築用爆炸拆除或任其荒廢毀壞之間的差別；建築物最後都消失了，但消失的方式不同，所以需要用詞彙來區分兩種過程的差別。

直到現在，我仍然覺得麥可的死是一瞬間的事。我們確實知道他的死期將至，才有時間一起打點他的「身後事」，儘管這個做法帶來的安慰其實非常空洞，彷彿在說，人死的時候最重要的事情是，把財產交代得一乾二淨。不管怎樣，至少我們對律師和會計師十分體貼。

雖然我知道麥可的優越體力是上天賜予的禮物，但我同時很清楚，拖了這麼久也讓他受了特別多的苦。失去他是一件不幸的事，但我們也很慶幸，能與他共度一段歲月，不幸與慶幸這兩種感覺是同時存在的。不過，我心中有個很大的遺憾：我無法兌現我的承諾；我曾向他允諾，我們以後會有更多相處的時間。但至少，我不像那些意外失去家人的人，生命中留有許多小小的遺憾。麥可和我無法完成我們想做的每件事，但我們用想要的方式向彼此道別了。這件事讓我又愛又恨。

麥可拖了很久才死去，並沒有讓他的死變得不那麼令人害怕，也沒有使我的痛變得不那麼措手不及。他前一秒還在呼吸，下一秒就停止呼吸了。他在前一秒還活著，下一秒就離開我們了。我在前一秒是個妻子，下一秒就變成寡婦了。

●

一月的某天，麥可找我談事情。「莎拉，」他喊了我的名字，然後等我抬起頭看他，「醫生說，我們的家裡有年幼的孩子，所以我不應該死在家裡。」我們曾經向彼此發誓，一定要開誠布公的談論死亡，而且之前已經討論過，他應該在哪裡離世。這種話題很難啟齒，而且談到最後我通常會淚流滿面，但我從父親安排自己的後事的過程學到了很多。我有守夜的經驗，現在，我對於出生和死亡抱持相同的看法。既然沒有人在談論孩子出世的安排時會感到不好意思，因此，我認為人們也不該恥於談論後事的安排。麥可和我很早就達成共識，他應該和我父親一樣，在自己的家裡死去，在我們漂亮的黃色維多利亞式房子裡、在兩個孩子和我的陪伴下死去。現在，他的醫生試圖動搖他的想法。我覺得，我們好像要把後事的話題重新再談一次。

「你說什麼？」我火冒三丈的說，「這樣做能讓我們的孩子學到什麼？我們把生病的人丟在醫院讓他等死嗎？這簡直太荒謬了。你的醫生不應該說這種話。」

麥可不發一語。我知道他認同我的想法。我開始哭泣，所有的一切都如此難受。我只希望麥可能夠待在家裡，和我們在一起。我想要做晚飯給他吃，讓他陪陪孩子。在人生的最後幾天，他可以不必看到冷冰冰的日光燈，不必聽見護理師在走廊聊天。「我們要教麥克斯和亞力克斯，我們愛你，我們會照顧你，一直到你走的那天。」我說。那是我們最後一次討論地點的事，我們唯一不知道的，是死亡發生的時間。

麥可展開了第三輪化療。我對他說，他不應該再接受化療了，但他想要把握每一個求生的機會。他一點也不想死。從來沒有人透過化療治好這種病，而第三輪化療是一種實驗療法，帶有攻擊性，麥可或許能夠多活幾個星期，卻也必須承受極大的傷害。D醫生怎麼能讓麥可做這件事？我非常反對，很想阻止這件事。就算化療有效果，但麥可的生活會變成什麼樣子？假如他一定會死，我希望他在死的時候覺得自己是鬥士，而不是敗將。我希望我們能一起從事戶外活動，因為那是我們一貫的生活方式，或者像剛開始一起生活時那樣也好。那年的冬天一直下雪，雪積得很厚。我想要和我強壯的丈夫一起去越野滑雪，聽著揮動滑雪杖發出的聲音，找回那個類似划獨木舟的節奏。我希望我們共度的最後時光就像初識時一樣。化療會毀了這個夢想，但麥可想要嘗試，他的個性就是什麼事都想嘗試。

第三輪化療差點要了他的命，麥可不得不中止療程。D醫生把麥可的體力和意志力拿來和海軍陸戰隊員與沙場老兵相提並論。然而，即使擁有強大的體力和意志力，麥可也無法承受化療造成的痛苦，化療把他僅剩的一點精力也幾乎吸乾了。我憤怒到了極點。在有些夜裡，當我想到麥可所受的苦，我甚至擔心自己會氣到失去理智。

雪持續下個不停，從一月下到二月，再從二月下到三月。麥可知道，假如他想要從事一些動態活動，必須在活動之後花上許多時間休息才能恢復體力。他用預算的觀念來決定某個活動「值不值得」他耗費體力。他一直想去加拉巴哥群島（Galapagos Islands），在他的遺願清單中，那是最後一個他能做到的活動。於是他開始儲存體力，然後在他的好友彼特的協助下，展開為期兩週的旅行。麥可的旅程結束後不久，我們全家人在運動遊樂中心為亞力克斯舉辦六歲生日派對。我拍了一張他們父子互丟泡棉塊的照片，他們大約一起玩了五到十分鐘。麥可接下來在床上休息了二十四個小時。但值得。

春天終於降臨之後，每天都在下雨。創下歷史紀錄的降雪開始融化，但地面的冰還沒解凍，造成降雨和融化的雪水無處可去。康科德當地人把這個情況稱作百年一遇的洪災，河水溢過河堤，造成道路封閉與低窪地區淹水。我很難不把暴漲的河水視為一個比喻：人類沒有能力阻止世上發生的事。麥可卸下了對死亡視而不見的最後一點抵抗。五月的第一週，他和獨木舟俱樂部的成員到新罕布夏做了最後一次的獨木舟之旅，他回到家時，露出驚魂未定的神情。他不應該再開車了，因為他已經無法集中注意力。一直以來，他擁有驚人的專注力，但現在，眼前起了迷霧。

麥可和我之間仍然偶爾會發揮一下黑色幽默。我們依然在猜想，究竟是他將米妮梅埋進洞裡，還是米妮梅目送他離開。他們之間的病態競賽還在拉鋸之中。我曾開玩笑說，等到他死了以後，我就可以再生小孩。「莎拉，」他說，「你根本不需要再生小孩，這就像你不需要在腦袋開洞一樣。」我忍不住爆笑出來，因為我從來沒有真正打消再生孩子的念頭，但現實生活的混亂，使我無法否定麥可的說法。有一次，我們安靜、真心的對話，我對麥可說，他死了以後，我這輩子只穿黑色的衣服，就像維多利亞女王失去她的丈夫阿爾伯特親王之後一樣。麥可指出，這根本算不上是起誓，因為我本來就只穿黑色的衣服。

我自創了一條定律：「快樂守恆定律」。守恆定律是物理學的基本法則，像是質量守恆定律、能量守恆定律、角動量守恆定律。沒有哪個東西會真正消失，它或許不在我們眼前，但它仍然以隱藏的新形式，存在於某個地方。每當有人向我問起麥可的事，我不會把焦點放在傷痛上，我會說：「你真的要好好珍惜每分每秒，人生苦短。」有時候，我會對著鏡中的自己說這些話。

我依然忙著工作，主要是在忙阿斯忒里亞和生物特徵氣體的事。我蠟燭兩頭燒，因此經常會分心。我每天要和麥可聯絡好幾次，確認他的狀況（在他生病之前，我很少做這種事），並且盡可能早一點回家。我很幸運，有一群優秀的研究所學生和博士後研究員可以倚靠。他們的生活算是相對單純。我指派一個學生負責阿斯忒里亞的光學問題，一個學生負責精確瞄準的事，一個學生負責對外溝通，其他的人則繼續研究系外行星大氣。我告訴他們，我不會像從前一樣，有那麼多時間待在學校。有一天，我在寒冷的戶外告訴一位專攻工程學的學生，我的丈夫快要死了。他對我說了一句人們通常會說的話：「如果有我可以幫忙的事，一定要告訴我。」我用不同以往的方式解讀這句話，我決定把它當成真心話。

此外，我下定決心要把空缺都補起來。克莉絲汀早上會來幫忙，戴安娜在孩子放學後會來我們家，我把她們視為朋友，而不是雇來的幫手。潔西卡在週末也會來看麥克斯和亞力克斯，有時也會帶他們去她家玩。孩子們回到家的時候，總是興高采烈的，因為潔西卡帶他們做了一些冒險活動，也因為他們去的是一個沒有陰影的家。我開始想，不知道她是否願意陪我和兩個孩子一起去旅行。我有點不好意思問她，因為在家裡相處跟一起搭飛機去家庭旅行有很大的不同，但她答應了。於是，趁著彼特來看麥可的時候，我們四個人飛到百慕達（Bermuda）去玩了幾天，在沙灘上晒晒太陽。那趟旅程感覺像是建立新生活的開始，初次稍微窺見我們未來生活的樣貌。

我在那年夏天滿四十歲。基於快樂守恆定律，我決定在五月舉辦一場一整天的論壇：「系外行星的未來四十年」。許多科學家在退休前會舉辦類似這樣的聚會，但為何要等到那個時候？這話聽起來或許有點自我中心，但我需要找理由來對未來抱持希望。我需要對未來進行一些思考，同時暫時拋開害怕的感覺。這個活動的宗旨是：我們想要帶著下一代與下下一代的孩子，指著漆黑天空中某顆肉眼可見的星星，對他們說，那顆星星有一個像地球一樣的行星。我們要在未來四十年實現這個夢想。我不是會辦派對的人，但我覺得，不要把焦點放在我身上，改放在太空探索的未來，會使派對更有趣。此外，我也認為這樣應該能夠吸引更多人來參加。

我把邀請函送給一群挑選過的同事。他們紛紛接受了我的邀請。每一封答應出席的回覆函都讓我感到開心。克卜勒任務的娜塔莉・巴塔拉（Natalie Batalha）、時任哈伯望遠鏡任務負責人的麥特・蒙頓（Matt Mountain）、康乃爾大學卡爾・薩根研究所（Carl Sagan Institute）的現任負責人麗莎・卡特內格（Lisa Kaltenegger）、我在哈佛的指導教授迪米塔爾・薩塞羅夫、退休太空人約翰・格倫斯菲爾德（John Grunsfeld）、航太總署的德瑞克・戴明（Drake Deming）。

傑佛瑞・馬西是明星級來賓，人類所發現的前一百顆系外行星中，有七十顆是他與其他人共同發現的。我請演講者挑選辛辣一點的講題，而馬西認真的回應了這個要求。（他後來被指控性騷擾研究所學生，並因此辭去加州大學柏克萊分校〔UC Berkeley〕的教職，這件事令我震驚不已。）輪到馬西演講時，他抱怨其他人太缺乏想像力。他直言：「我對於過去十年和未來十年的情況都不滿意。」除了克卜勒早期的成就之外（克卜勒當時已經發現了一千多個待確認的行星），類地行星發現者計畫遭中止這件事（當時我在卡內基研究所工作），對於我們這些希望在星際中找到地球雙胞胎的人來說，是一大打擊。馬西慷慨激昂的批評，天文學界不團結，天體物理學家之間的內訌往往導致進展被拖延；當我們對於前進的方式沒有共識，就很難真正向前進。

台下的觀眾有人站起來反嗆馬西。一開始，我有點緊張：我最不希望的，就是再聽見其他的殘酷事實。但在那一整天，演講者一個接一個激動的談論，他們追求新發現的渴望，就像熱情的登山者發表對征服山嶽的嚮往一樣。我感受到一種輕快雀躍的心情，它早已被我遺忘，以致像是全新的感覺。

論壇結束後，我們聚集在麻省理工學院葛林大樓的屋頂，喝香檳慶賀。那是個美麗的初夏傍晚，壯觀的波士頓天際線在暮色中陸續點亮。天空和查爾斯河看起來一樣藍。在那看似永恆的一刻，我覺得自己彷彿還有很多時間。

●

其實我差點錯過我自己的派對，因為麥可在不久前才送進急診室。他的病情已經進入末期，他經常感到劇痛，而我不知道要怎麼幫他。後來得知，麥可已經符合居家安寧療護的資格。指派來協助我們的人是傑利，這位中年男護理師是我人生中真正的救星之一。醫院送來一張安寧療護用的病床，我和傑利一同在樓上的客房做好妥善的安排，讓麥可能夠舒服的休息。

我從來不對兩個孩子隱瞞他們爸爸的病情。他們需要知道實情，但非到必要時刻，不需要提前讓他們知道。能讓他們晚一天知道實情，對我來說都像是小小的勝利。不過，說實話的時候終究還是來了。那天，我帶孩子搭火車去羅德島的動物園玩。我們三個人坐在小包廂裡，我和孩子之間隔了一張桌子。我的心怦怦的跳，但我試著表現得很冷靜。我數著自己的呼吸，這段話我已經練習好幾個月了。

「麥克斯、亞力克斯，」我說，「我必須告訴你們一件事。」

我停頓了一下，他們專心的傾聽。

「嗯，這不是個好消息。我們家裡有人病得很重，吃藥也沒有幫助。」

我又停頓了一下。兩個孩子張大了眼睛看著我。

「我很遺憾必須告訴你們這個消息。」

這次停頓得最久。

「爸爸撐不過這個關卡了。他快要死了。」

亞力克斯幾乎是尖叫出來。「你說什麼？」他說，「我以為你說的是米妮梅！」

我站起來，用力的擁抱兩個孩子，然後握住他們的雙手。

麥克斯說：「我早就知道了。」

我們很長一段時間沒有說話。沒有人哭，但那種感覺就像是要去參加喪禮一樣。車廂幾乎是空的。氣氛相當凝重。我們隨著列車的顛簸上下左右晃動。在往動物園的路上，我們開始練習成為三人家庭。

在麥可生命的最後幾個星期，他的意識變得愈來愈混亂。有時候，他的頭腦很清楚，有時候，則相當反常。麥可在孩子們的學校擔任點心委員會負責人。有一天，他想要處理家長分派任務的工作表，但他忘記，他早就把這份職務交給別人，而學期也已經結束了。另一次，他夜裡起床，走下樓去，我跟在他後面，走進廚房。他把好幾支刀子拿在手裡，好像要重新整理廚櫃抽屜裡的東西，然後他抓著刀身，試著用刀柄切東西。他還把啤酒倒進咖啡機裡。我嚇壞了，懇求他住手，當他停止動作之後，他對我說：「我不知道要怎麼回到樓上。」

傑利曾經告訴我關於「臨終前譫妄」的情況。臨終患者的大腦開始遵從身體的指揮，以致產生錯亂。傑利看過這種情形無數次了。傑利告訴我，麥可接下來會開始抱怨一些奇怪的事，像是他覺得腳很冷。然後他可能會變得完全失常，直到他離世的前一刻。在那一刻，他的意識會變得無比清晰。

我不希望讓兩個孩子看見麥可的這副模樣。「你們還記得我們為莫莉做了什麼嗎？」我在麥可的生命接近盡頭的時候，這麼問孩子，「你們還記得，我們怎麼溫柔的照顧她，然後跟她說再見嗎？現在是說再見的時候了。」每當我試著跟亞力克斯談論麥可的情況，他總是會用雙手捂住耳朵，跑出房間，但麥克斯已經準備好了。

麥克斯和我躡手躡腳的進入麥可的房間。麥可動用他僅存的最後一絲力氣，在床上坐起來。他給了麥克斯一個最深、最緊的擁抱。「你今天在學校還好嗎？」他問道。他又忘了，此時正在放暑假。或許，他從來不知道學校已經放暑假了。麥克斯看著麥可，麥可看著麥克斯。他們的神情是如此原始單純，使我想起麥克斯出生那天的情景：他們父子倆用同樣的藍色眼睛，第一次對望。現在，他們再次彼此相視，兩個人都露出微笑。然後他們再度彼此擁抱。沒有人掉淚。我不確定，他們知不知道這次是真正的道別。

麥可和我用我們自己的方式道別了好幾次。有一次，我正要下樓時，麥可抓住我的手臂，對我說：「認識你是我這輩子最棒的事。」這份真情告白讓我感動得無以復加。還有一次是在他被約束行動之前，他要我坐下來，意思是他有重要的話要對我說。他花了一點時間整理思緒。我靜靜的等待，等著他鼓起開口的勇氣。「莎拉，」他終於開口了，「莎拉，我知道你以後會再婚。」他似乎還有話想說，但他始終說不出口。就像我們可以感覺到風向的轉變一樣，我知道了他的意思，他允許我再婚，展開新的人生。我驚訝不已，最主要的原因是，我壓根沒想過再婚的事。我告訴他，就算知道最後的結局會是如此，「我仍然想和你把我們共度的歲月再過一次。」我願意和他一起到亨伯河划獨木舟，然後回到他家把濕衣服換掉。

傑利原本認為麥可只剩下幾天的時間。沒想到麥可又多撐了好幾個星期，甚至超過一個月。七月的某一天，傑利把我拉到一旁，低聲對我說：「我從來沒見過任何人像麥可這樣堅持抵抗死亡。」麥可真的很想繼續活下去。他在生病之前原本就擁有強健的體魄是原因之一；他的強悍意志力是另一個原因。但傑利認為，麥可之所以拒絕向死亡低頭，是因為他擔心我沒辦法一個人過日子。傑利對我說：「你不可以再問麥可，家裡的事情要怎麼處理了。」我過去經常會問麥可家事要怎麼做，簡直是沒完沒了。於是，我盡量不再問他問題了。不過，有一天我突然想起來，我不知道要怎麼把獨木舟車頂架拆下來。我問麥可這件事，我知道這件事對他來說也有難度，或許有某種特殊扳手放在家裡的某個地方……

麥可回我：「解釋起來太複雜了。」然後他又陷入了沉睡。

就像我的父親一樣，麥可一直硬撐著。他被約束在床上，而且很少醒來，但他的心一直在跳動。我仔細觀察他有沒有疼痛的跡象，一天在他的嘴裡滴入液態嗎啡幾次。我一直很擔心他會因為疼痛而受苦。若是家裡的寵物，我們絕對不會讓牠像這樣死撐下去。

我的生日快要到了。麥可和我通常不會特別為對方慶生，但我認為這是個好機會。我上樓去，麥可正在睡覺。我在他的身邊躺下，等他醒過來。後來，他終於有動靜了。

「我快要四十歲了，」我說，「四十大關。」

他用非常溫柔的方式告訴我：「你知道的，我不擅長記住那種事情。」

我搖搖頭，用最大的努力不讓自己掉淚。他死了以後，我一定會很難過，但我希望讓他相信，在他死後，我會過得很好。

「麥可，你是我最好的朋友。我們能夠一起過這麼幸福的人生，實在是非常幸運。但我會沒事的，孩子們也會沒事的。」

麥可沒有說話。

「麥可，」我對他說，「我希望你送給我最後一個生日禮物，我需要你放下一切。」

我過四十歲生日之後兩天，麥可在我們家裡的病床上離世，當時我陪在他的身邊。他的身上沒有任何一根管子。那是我第一次放下所有的工具，幫忙完成一件很美的事；那是我人生中最引以為傲的事。麥可離開這個世界的方式，就和他進入這個世界的方式一樣。那是我送給他的禮物。

直到人生的最後一口氣，麥可始終沒有借助外力。

第九章

一個月的寡婦

有些道理我選擇不教。不是所有的知識都能帶來力量；不是所有的事情都值得去了解。麥克斯和亞力克斯從來不曾看見麥可的屍體。他們沒有看見麥可離開我們家的情景。

麥可是在深夜過世的。麥克斯和亞力克斯有好幾個星期沒見到麥可了，但他們知道爸爸一直躺在樓上的床上。我不想讓他們知道麥可過世的詳情，因為我不希望他們記憶裡的父親是一具屍體。麥可的母親和弟弟在麥可生命將盡的時候，來康科德看他。麥可離世之後，我請丹帶兩個孩子到公園去。麥克斯和亞力克斯從來不曾在晚上到公園玩。整座公園都是他們的，我想，他們可能覺得自己長大了一點，好像有人偷偷放他們進公園一樣。

我也有我自己的祕密。我通知禮儀師麥可過世的消息，於是他們以西裝領帶的正式穿著，開靈車到我們家來。結果，我太早通知他們了。原來，必須等安寧療護的護理師來我們家，宣告麥可的死亡時間，禮儀師才能把麥可接走。禮儀師把麥可放進一種特殊的屍袋，以便順著樓梯滑到一樓。他們把麥可抬出家門，來到前門廊，走下前廊階梯，最後放入靈車。他們的動作緩慢而仔細。他們的態度不卑不亢，靈車的引擎發動時，引擎聲聽起來似乎比平常更小聲。

我幫麥可預訂了骨灰盒。負責接洽的禮儀師戴維帶了幾個樣品給我，他看得出來，那些樣品我都不喜歡。有些款式太普通、太簡單，幾乎像是隨便拼湊起來的。其他的又太花俏，是用精緻加工的紅木製成。戴維要我多說一點關於麥可的事。「他的品味很樸實，」我說，「我的品味也很樸實，但沒有他那麼樸實。」我其實也不懂該怎麼挑；我從來沒有仔細想過，要用什麼樣的盒子裝我的丈夫。我知道一定有個合適的盒子存在　一定有個完美的盒子，但我找不到對的措詞來形容它。不會太俗氣，也不會太浮誇　優雅但不貴重。

「這件事就交給我吧。」戴維對我說。

我坐在空蕩蕩的房子裡，猜想著戴維會準備什麼樣的骨灰盒。用來裝麥可的骨灰盒，會是禮儀公司裡的哪個？

麥可的事情處理好了。孩子們大概還會在公園玩一會兒。丹沒有手機，所以我沒有辦法通知他，他只能自己判斷要在外面待多久。當他們回到家時，兩個孩子看起來像螢火蟲般散發出光采。我帶他們上床睡覺時，彷彿還能看見他們的光采穿過被子透出來。我決定到隔天早晨再告訴他們麥可離世的事實，先讓他們好好睡一覺，再接受這個改變一生的消息。在這個晚上，就讓他們相信，丹叔叔覺得這是去公園玩的好時機，他們的父親還在樓上沉睡，而不是等著被放進一個我難以想像的骨灰盒裡。

我們的鄰居都知道麥可已經走了，因為我們家不再有人進進出出。麥可的母親和弟弟離開，傑利也不需要再來。消失的人還有我雇用的看護，以及幫麥可洗澡的助手。醫療器材公司來取走了麥可使用的病床。我把麥可留下的藥物丟掉，也把抗癌期間所使用的儀器裝置撤走。房子裡有種空虛的感覺，就像是猛烈砲火攻擊結束之後的戰場。某個部分的我不敢相信這場戰役所造成的傷害。我幾乎不敢去想損失有多慘重。但另一個部分的我覺得如釋重負。戰役已經結束，我依然挺直站在這裡。

潔西卡把麥克斯和亞力克斯帶去她父母家玩。我希望孩子們能有幾天的時間，在一個完整、充滿了愛的家裡，讓她的父母和姊妹圍繞。當兩個孩子回到家的時候，我們三個人回復原本的親密關係。與死亡有關的言語似乎讓他們感到困惑：「為什麼別人一直跟我們說我們失去爸爸了？我們沒有失去他，他只是死了。別人為什麼要說他們感到很遺憾？又不是他們的錯。」這些問題難以回答，而他們需要答案。基於某個沒說出口的需要，他們如影隨形的跟著我，甚至跟到三樓的洗手間。「嗯，孩子們，」我說，「我得上洗手間。」不過，我也需要他們的陪伴。他們的房間裡有一張雙層床，和一張雙人床。麥克斯睡雙人床，亞力克斯睡下鋪，而我睡上鋪。我們家有五個空房間，但我們三個人睡在同一個房間裡，就像在室內露營。

長久以來，我一直沒有花足夠的時間和孩子相處。我雖然很愛他們，但生活與工作的各種拉力和推力，不僅使我遠離了麥可，也使我遠離了兩個孩子。失去麥可使我想要消除我和孩子之間的距離。當我和孩子們在一起的時候，我的腦袋就不會想太多事情，我喜歡那種感覺。年幼的孩子天生顯得比較自私，或者說，他們只關心自己。他們只關心眼前的事物。他們幾乎會迫使你根據他們的想法來想事情，他們會要求你把他們放在你的視線之內。麥克斯是個貼心、穩重的孩子，他有一種犀利的幽默感。亞力克斯比較需要引起別人的注意，他通常會用搞怪的言語或行為來吸引別人的注意。兩個孩子用自己的方式，在所到之處散發自己的存在感。

那年夏天，當孩子們從夏令營回家之後，在某個天氣舒服的下午，我問麥克斯想不想打網球，那是我和麥克斯最主要的共同興趣。戴安娜會在家裡陪亞力克斯。我們已經不需要再綁在家裡了，而我希望麥克斯也想做我想做的事：到戶外去，盡情享受擺脫疾病陰影之後所獲得的自由。當他說他願意和我去打球時，我非常開心。我和麥克斯拿了打球需要用的東西，然後就往球場走去。那天的天氣真好，不會太熱，也不會太冷。剛剛好。我們邊走邊閒聊，麥克斯平常其實不太愛說話，我們那天言不及義的閒聊，目的只是和彼此說說話，那種感覺真好。有一小段時間，麥克斯沒有說話。

「你知道嗎？媽，」麥克斯說，「比起爸爸生病的時候，他死了之後反而比較好。」

聽到八歲的兒子對你說這種話，你會覺得震驚，就像是第一次聽見他們說髒話一樣：這份震驚使你驚覺，他們承受與吸收的東西比你所知道的更多。我本來想問他，為什麼會有這種感覺。但在我開口之前，我發現我已經知道答案了。我明白他想表達的意思。從小孩子的觀點來看，他在很久以前就失去麥可了，而他後來也失去了我，尤其在麥可臨終那段期間。現在，麥可走了，但我重新回到了他身邊。對麥克斯來說，這似乎是個公平的交易。挽回一個媽媽，總比同時失去爸爸媽媽來得好。

在焦慮和不確定性結束之後，會有一種解脫的奇怪感受。當我察覺到自己和麥克斯的感覺一樣時，我幾乎產生罪惡感。我的思緒一直很清晰與聚焦，但在麥可過世後的那幾個月，我的思緒變得比以往更加清晰與聚焦。我也不知道為什麼。哀慟可以讓事物結晶，驅散不重要的事情和所有的愚蠢想法。那年夏天，當我回到辦公室上班時，我變得比從前更加心無旁騖，世間的雜事都徹底消失了，只剩下我和我的工作，以及一連串的啟示。

我的一個學生在研究一種比海王星小、比地球大的行星，通稱迷你海王星。太陽系裡沒有相對應的行星，但克卜勒發現，迷你海王星是銀河系中最常見的行星。這個發現使天體物理學家在尋找外星生命時，需要以超出自身經驗的方式來思考。另一個學生研究的是，要如何計算巨大系外行星的大氣組成，還有如何運用哈伯或史匹哲的數據，來衡量那些氣體的存在量。有多少鈉？有多少水氣？這不容易辦到，但我們一起找到了方法，根據太陽系的大氣，形成「系外行星大氣反演」（exoplanet atmosphere retrieval）的基礎。那是一段美好到詭異的思考時光。麥可的死使得星星變得更明亮了。

然而，當我問朋友，假如他們只剩下一年的生命，他們會做什麼事，每個人都回答：多花一點時間和家人相處。我熱愛我的工作，但在過去，我一直沒有把工作和家庭做必要的劃分，並善盡對家庭的責任。我無法兌現我對麥可的諾言，但我一定要向我的兒子兌現這個諾言。

•

我寫電郵給朋友和同事，主旨是「漫長旅程的盡頭」。對某些人，我邀請他們參加麥可的追思禮拜。對另一些人，我傳送我為麥可寫的追悼文或一些表達私交的文字給他們。對於極少數人，我向他們提出請求，其中一位是里卡爾多（Riccardo）。里卡爾多是麻省理工學院校友，自從我父親過世之後，我開始和他愈來愈親近。我愈來愈受某一種類型的導師吸引，他們對我說話的方式就和我父親一樣（也和約翰．巴寇一樣），他們一心只希望我好，只希望我的生活過得好，換句話說，他們把我當成女兒一樣。我正在逐漸把注意力轉向新展開的領域，我誠摯的希望你能成為其中的一分子。人們的回覆湧入我的信箱，我一時無法全部閱讀，但我優先閱讀里卡爾多的回覆。他寫道，我和你所有的朋友都會陪伴你一輩子。

我想教導我的孩子，人生不但會繼續向前邁進，而且依舊是一場冒險。我們還有很多地方沒去過，還有許多東西沒見過，都等著我們去探索發現。我想要帶他們去埃及看大金字塔。只可惜，我是個職業單親媽媽，再加上「阿拉伯之春」（Arab Spring）的騷亂，使埃及這個選項被迫出局。我們只能到新罕布夏玩幾天。

我們住在印第安首領度假村（Indian Head Resort），當地人覺得附近有座山的輪廓看起來很像印第安人的臉，於是就為度假村取了這個名字。兩個孩子都很喜歡這個地方。這裡有泳池、電子遊樂場，以及數不清的森林步道。能夠透過這個假期擺脫家裡的悲傷氛圍，讓我鬆了一口氣。但我的樣子看起來非常憔悴，幾乎像是有毒癮的人，使得其他的人都對我投以異樣的眼光。

當我在度假村裡的某個餐廳崩潰時，情況變得更糟了。我到餐廳打算為晚餐訂位，於是我走向一位年輕女性，她正在讀書，封面有著人名和時代。我對她說：「我想要訂六點的位。」她搖搖頭告訴我，他們不接受訂位，只能現場候位。兩個孩子此時正在電子遊樂場裡玩，我急著想加入他們。我回她：「這實在沒道理。」我開始想像，孩子和我又餓又累的站在門口候位的情景。「你們為什麼不接受訂位？」我渴望重返按部就班的生活，但我的狀態暫時還無法運用上流社會的禮儀與人應對。我失去了假裝自己能夠融入社會的有限能力，開始變得心煩意亂。那位服務員被我嚇壞了。於是她請主管過來處理，但那位主管到後來似乎也顯得飽受驚嚇。

這趟旅行仍然可以算是度假，孩子們似乎樂得輕飄飄的，而我也沉浸在怪異的釋放感裡，還得試著不讓自己產生罪惡感。我們去了步道健行，這使亞力克斯想起他說要登上華盛頓山的誓言。先前在春天的時候，我們曾一起去白山山脈健行，主揪是麻省理工學院團隊的瑞士籍博士後研究員布萊斯。因為步道很難走，下山的時候，大部分的崎嶇路段都是布萊斯背著亞力克斯完成的。後來，亞力克斯和我一得空就開始做訓練，利用附近的蒙納德諾克山（Mount Monadnock）與瓦佩克山脈（Wapack Range）來練習。八月，也就是大約在我們與麥可開車上華盛頓山的一年之後，亞力克斯和我已經準備好要從山的另一面爬上來，就我們母子兩個人。

在登山的前一天，我帶著他，先開了三個小時的車，住進附近的一家飯店。飯店的泳池裡有許多幸福的小家庭在玩水。父親、母親和孩子一起縱情的玩樂，那是我和兩個孩子再也無法體會的快樂。我覺得自己又快要崩潰了，但我不想讓亞力克斯親眼看見我崩潰，至少不是在那個地方和那個時候。我努力不顯露自己心中的憤怒。我還記得，我當時在心中對那些互相潑水的人們說：**我討厭你們。我討厭你們，也討厭你們的快樂。**

他們依然繼續潑呀潑的玩水。

幸好，亞力克斯和我有我們自己的攻頂計畫。我們隔天很早就起床，狼吞虎嚥的吃了一大堆鬆餅，然後開車到山腳下。那天晴空萬里。太陽已經升起。我們沐浴在紅外線裡。

亞力克斯和我決定走最短、最陡的六公里步道，從山腳到山頂的高度差有一千二百公尺。那是一條沿著溪流的步道。亞力克斯一開始就用跑的，他沒有忘記他發誓要創下世界紀錄。我差點跟不上他。我們超越一個又一個健行者，沿著斜坡一路向上。亞力克斯的模樣彷彿在說，他正在進行此生最大的冒險，事實的確也是如此。幾個小時後，我們來到一間可以用來過夜的登山小屋。我們在那裡休息了一個小時左右，稍微喘口氣，順便享用熱巧克力。亞力克斯只有六歲，他一定覺得雙腿熱得像在燃燒。但我們繼續前進，又走了一個小時，超越了林木線，進入山肩的岩石地形。此時映入眼簾的景色非常壯觀，放眼能看見一百公里以外的地方，峰頂就在不遠處。亞力克斯停下腳步，眺望被我們征服的土地。

他說：「活出你的夢想，面對你的恐懼，留意你的周遭環境。」

直到今天，我還是不知道亞力克斯這句話是從哪裡看來的。亞力克斯也不知道，他對我產生了什麼影響。麥可的死帶來了許多不好的事，但它也使我發生了意料之外的改變，看著他離開我們，促使我想要淋漓盡致的過我的人生。麥可過世之前，我也曾把這些話告訴他：他的死啟發了我，為了他，也為了他對英年早逝的不甘，我絕對不浪費任何一天。我會竭盡所能的去做令人驚嘆的事。我會以更堅定的決心尋找另一個地球，現在，我的盼望變得更像是一個使命了，而我也會幫助我的孩子找到他們人生的目的。

此刻，亞力克斯和我幾乎到達峰頂。我們的最後一段路真的是用跑的。亞力克斯沒有創下世界紀錄，但我以他為榮，也以我自己為榮。也許我們母子三人不再擁有完美的家庭。但我們仍然是一家人，依舊可以一起創造快樂美好的回憶。我們母子倆搭火車下山，然後開車回康科德。那天晚上，我睡在孩子們房間裡的上鋪，我有好多年沒有睡得這麼香甜了。

●

潔西卡轉學到離家較近的學校，而她願意搬來我們家和我們母子三人同住。我需要她幫忙我打理家務和照顧孩子，也需要她幫忙填補麥可遺留下來的家庭成員空缺。我不收她的房租，我希望她覺得我們家就是她的家。我著手把二樓裝修成她的個人套房。她挑選薰衣草的藍紫色做為房間牆壁的顏色。我請承包商把洗衣間改建成她專用的浴室。這是一個全新的開始。

為了運載拆下來的廢棄物，承包商帶了一個大型垃圾箱來，放在我們家的車道上。不知道為什麼，我一看到那個垃圾箱又再次崩潰。崩潰幾乎總是毫無預警的發生，真的很奇怪。我有時候是在獨處時情緒潰堤，有時是在眾人面前崩潰，周遭的人往往一臉驚恐的看著我。不論是哪一種情況，我都沒有能力不讓自己不崩潰。我的聲音會升高，開始大吼、尖叫，讓體內所有的情緒都宣洩出來，到最後收場時，我的頭髮通常會貼著我那讓眼淚沾濕的臉。

我這次崩潰是因為我對麥可很生氣。在他死前不久，我們曾經談到誰的下場比較慘，是生病早逝的那個人？還是看著所愛的人受苦而死去，然後再努力治癒傷痛的那個人？我沒有答案。但在那一刻，我覺得麥可拋下了孩子和我，好像他寧可選擇死亡，也不想和我們一起共度餘生。我知道自己的想法不理性、也不合理，麥可並沒有選擇離開我們。他一直努力奮戰到最後。但他終究還是走了，而我的哀慟以憤怒的形式表露出來。

麥可很愛留東西，我也很惜物。我們家裡有十五艘各式各樣的獨木舟，也有獨木舟的殘骸，包括被激流撞成兩半的船身，有的殘骸甚至還不是我們自己的船。家裡有好幾個衣櫃，裡面裝滿了麥可從來沒穿過的衣服。車庫裡有一大堆生鏽的工具。家裡還有成堆的手稿，以及年代久遠的教科書藍圖（印刷前的確認稿）。我望著臥室裡的家具，覺得再也看不下去了。家裡的貓把床墊表面的人造皮抓得破破爛爛，床邊桌和五斗櫃看起來也破舊不堪。

盛怒之下，我開始把麥可的東西丟進垃圾箱。麥可已經不在了，我當然也不再需要他的東西。這種垃圾箱能裝很多東西，我丟的東西占掉了很多空間。裝修工人很擔心剩下的空間會不夠用，但他們沒有人敢制止我。我把臥室的整套家具都丟了。我想要把所有的沉重負荷甩掉，把有形和無形的東西都驅逐出我家。我一點也不想活在過去；我一點也不需要任何東西讓我想起過往。我迫切的想要得到更多、更多的空間。

●

那年十一月，我到波士頓的紐伯里街（Newbury Street），想要去剪頭髮。有些事情會變成一種奢侈的享受，真是奇怪。我想要坐著放空一小段時間，剪髮似乎是個很好的藉口。

在紐伯里街，一排排赤褐色的老建築都改造成了商店，每層樓是一家店。那裡的出入口和階梯總是把我搞得頭昏腦脹的。結果我走錯階梯，走進了一個雜亂的房間，那裡堆滿了白色的紙張和黃色的檔案夾。一位戴著眼鏡、身材高䠷的金髮女子向我走來，問我是否需要協助。

「我在找美髮店。」我說。

正當她要為我指引方向時，我突然意識到這裡是律師事務所。先生死亡後，我還沒有處理相關的法律文件。我知道要處理這種事很困難，它其實也不是那麼緊急。死亡似乎可以讓事情變得既緊迫、又沒那麼重要。

我問她：「你會處理遺囑之類的事情嗎？」

她名叫芙瑞雅。她打量了我一下，點了點頭。然後她領我到隔壁的小房間，那裡整潔而且隱密。她告訴我，她處理與家庭法有關的各種事務，她的客戶大多是商界人士，離婚是家常便飯的事。不過她似乎察覺到，我在想的事情與離婚無關。當她主動告訴我，她在十年前喪夫時，我的心震動了一下。律師和客戶的身分芙瑞雅都經歷過了。她當然很樂意協助我。那時，我幾乎聽不進她說的任何話，一心只想著她是怎麼知道我是寡婦的，不知道她能不能教我怎麼分辨。

「你過得怎麼樣？」她問道。

我回答：「事實上，好得不得了。」我告訴她，我有時候還是會遇到一些困難，但我覺得自己已經重拾力量，就連發脾氣都可以理直氣壯。我雖然很想念麥可，但我一點也不想念他生命最後十八個月的那段日子。我又說：「幾乎有一種重獲自由的感覺。」

芙瑞雅向我露出微笑。她說，我的亢奮並沒有不尋常之處。這種對生活幾乎算是狂熱的態度，是我掙來的。然後她開始向我解釋，這是自我保護的泡泡，是人類對創傷的正常心理反應。我心想：哦，不會吧，我不需要聽這些東西。我開始向後退，就像你在地鐵上遇到有人熱情的想要為你禱告時的反應。芙瑞雅並沒有因此退卻，她開始告訴我她自己的故事。十年前，她覺得自己像是女超人，時間長達好幾個月。然後，釋放的感覺被漫無目標的感覺取代。她說，我也會遇到這種情況。就像死亡是無法避免的一樣，一旦到某個時間點，我會覺得自己不僅孤獨，而且失落。她要我做好心理準備，如果我預先知道會發生什麼事，會比較容易度過難關。

我不知道該說什麼。我很清楚自己的感覺是什麼：有些事情我並不想告訴別人，一方面是出於基本的禮貌，另一方面是因為別人不會相信你說的話。喪夫、生孩子、死亡，這些事你必須讓人們用屬於他們的方式親自體驗。現在，我終於比較知道，當我要麥可接受現實，要他認清他的生存機率，並放棄與病魔對抗，他那時是什麼感覺了。我的經驗一點也不普通。誰說天下的寡婦都一樣？我們為什麼都會經歷相同的過程？在丈夫過世之前，我們每個人各不相同，丈夫過世之後，我們的故事自然也不會一樣。也許芙瑞雅當時墜入了一種無以名狀的黑暗（她真的用「一種無以名狀的黑暗」來形容），但那不代表我也會跟她一樣。我為什麼不可能好好的呢？我想要好好的。

我結結巴巴的向她道謝，還告訴她，我會再跟她聯絡。她用著有點悲傷的表情對我微笑，和我握手道別。

「我必須離開了。」我說。我要去剪頭髮。我要去坐下來放空一段時間。

我踏出那個地方，覺得兩腿發軟。呼，我一回到街上，立刻覺得自己遭風暴捲起。不知為何，我當下就是知道，我不會是那種被龍捲風捲走，最後安然無恙落在樹枝上的奇蹟寶寶。我不會輕輕落下。假如風暴最後將我放回地面，它一定會先把我帶離我為自己打造的新世界，遠離我對幸福的幻想。

又或許，早在幾個月之前，早在麥可過世的那一刻，風暴就已經將我捲起。或許芙瑞雅出現在我面前，是為了向我指出，我從來不曾戰勝地心引力：我被它緊緊的束縛著。或許我一踏進門，芙瑞雅就知道我是寡婦，因為我連上下左右都分不清楚。我把墜落誤認為飛升。當我被一種無以名狀的黑暗包圍時，我怎麼可能靠自己的力量，分清楚兩者的差別呢？

第十章

無以名狀的黑暗

天文學會迫使你從不同的觀點看宇宙。我們一般是透過尋找來發現事物。我們遺失東西時，會睜大眼睛四處搜尋，追溯剛剛去過的地方，直到我們找回失物。這個方法不一定適用於太空。宇宙裡有太多黑暗之處，有太多我們沒去過的地方。

有時候，我們透過某樣東西的缺席，來確認另一樣東西的存在，就像彩虹中的缺口透露出某些氣體的存在。另一些時候，我們透過這樣東西對那樣東西產生的影響，來發現這樣東西的存在，像是運行中的系外行星會導致母恆星遭引力拉扯而晃動。除了行星之外，沒有其他的東西有足夠大的質量造成恆星晃動，所以可以透過恆星的晃動，來證明行星的存在。

還有些時候，我們可以研究無法獨自存在的事物，來發現另一樣事物的存在。你要找的東西一定存在，因為它是先決條件。例如，當我們看到一張桌子的四周放了四張椅子，我們就可以推論出，有四個人曾經圍坐在這張桌子旁，否則，為何會有四張椅子呢？天文學的研究經常需要倚賴看不見的東西。就這個觀點來說，天文學就像是喪失（loss），就像是愛。

●

我的工作有時候會因為麥可生病的事而受影響。即使在我的生日派對上，我也必須一心二用。我錯過了延長克卜勒資料使用權的申請截止日，因為我根本忘了留意這件事，我失去了優先取得數據的權利，這個權利是我好不容易爭取到的。我打電話給里卡爾多，他對我說：「莎拉，你總有一天會不再哭泣，你會向前邁進的。」克卜勒平均每天會發現一個潛在的系外行星。在西部拓荒先鋒每天向前推進幾公里的時代，天文學家已經看見了從來沒有人見過的嶄新世界。而現在，我只能眼巴巴的在外面看著這些進展不斷發生，我覺得自己變得更加孤獨了。

不過，在麥可過世之後那段頭腦特別清晰的奇妙時期，我又能在對的心境、在我喜歡的雨天午後，遁入廣闊的深空探測任務和我的夢想世界裡。我先前提議應用凌日透射光譜來研究系外行星的大氣組成，而這套做法幾乎已經成為天文學界的標準。人們透過哈伯和其他望遠鏡，已經發現了數十顆熱木星以及其表面的氣流。能為天文領域做出這樣的實質貢獻，使我感到欣慰。有時候，我彷彿能聽見約翰．巴寇對我的讚許。不過對我來說，那些新發現顯得愈來愈局限了。未知的新事物總是會驅使我向前，我喜歡把船駛進平靜的水面，每一個新發現、每一個「第一」，都使這種感覺變得更強烈。發現熱木星不再令我們驚訝，畢竟我們不會在其他星球的烈焰中發現生物。在一個又一個無生命的行星上進行勘測……我還不如把時間花在我家的空房間裡，愛待多久就待多久。

幾年前，我在加州的太空生物學會議上，聽到英國科學家威廉．貝恩斯（William

Bains）的演講。他一開口，就引起我的注意了。他之所以如此突出，不是因為他的紅頭髮和紅鬍子，而是他對生物學和化學、以及兩者交會處的淵博知識。我非常欣賞他對於宇宙生物的思考方式。

威廉每年春季會到波士頓開生物科技的課。二〇〇九年，他造訪麻省理工學院，和我與我的學生談到他的研究，當時他正在尋找水以外可以維持生命的液體。那個主題引發了大家對生命的不同形式的廣泛討論。生物可以在液態硫裡生存嗎？有沒有可能以矽、而非碳做為生物的基礎？那次訪問的成果非常好，於是我邀請威廉在劍橋多待幾個月，和我一起探索太空生物學的極限。我沒有受過生物化學方面的訓練，但我不打算把自己局限在天文學的狹隘框框裡。真實世界並不遵循我們劃分的界線運行。假如我看見某個值得探索的東西，尤其當它可以幫助我在宇宙裡找到其他的生物，我就會想要研究它。

威廉和我的初次嘗試，很快就以轟轟烈烈的失敗收場。我們在實驗室進行專案，試著培養出一種生命力強悍的地球生物。我們選中的是大腸桿菌，它在人類腸道中大量存在。我們嘗試在愈來愈高溫的環境中培養大腸桿菌。提供實驗室讓我們使用的生物學教授說，我們的實驗毫無意義：大腸桿菌無法在類似水星的行星上生存。事實證明，她說的對。儘管如此，和威廉一起拿細菌來加熱是很好玩的事，我們當了一小段時間的瘋狂科學家。

威廉後來成為我的好友。麥可過世之後，他問我，他能做些什麼來幫助我走出悲傷？我說：「來麻省理工學院和我一起研究生物特徵。」我們再度合作，發揮想像力，集思廣益。威廉和我討論生物可能產生的各種氣體。我們想知道，什麼樣的溫度才真正無法讓生物生存，而在什麼溫度範圍內，只需要採取不同的思維，就能思考生命如何開始發生與存活下來。我們知道，科學界剛開始了解系外行星的驚人多元性：它們有各種大小和顏色；它們可能繞著巨星、矮星或雙星運行；它們的形態可能是固體、液體和氣體的組合。威廉和我一同想像出所有可能存在的世界。

我對於外星大氣的組成依然特別感興趣。我依舊相信，大腳怪呼出的氣會透露他的行蹤。我不是在思考什麼樣的太空望遠鏡可以幫助天文學家探索太空，就是在思考天文學家用這些望遠鏡能夠觀測到什麼。威廉和我仔細研究行星化學，研究岩石、表面溫度和大氣質量的不同組合，以及它們會如何改變行星的天空。行星的火山作用也可能對大氣產生巨大影響。火星上最高的火山是奧林帕斯山（Olympus Mons），它的高度是聖母峰的三倍。其他行星上的火山有可能比地球上的更大、更多或更活躍。威廉和我時常提醒對方：凡事都有可能。

我們的目標是擺脫我和威廉所謂的「地球中心思維」（terracentrism），這是人類天生的盲點，也就是以地球為基準的成見。研究生物特徵氣體的科學家大多會以地球為模型，來思考其他的維持生命體系。假如科學家想要預測其他行星上的生物一年產生多少甲烷，就要先計算地球上的生物一年產生多少甲烷。這是可以理解的反應，因為人類居住在如此美麗的星球上，不論是它的大小以及它與恆星的距離，都剛剛好。

但威廉和我用不同的方式來思考這個問題。我們知道，生命跡象氣體通常會被一連串的大氣化學作用分解。在地球上也是如此。太陽的紫外線會把分子裂解成高活性的成分，稱為自由基，而自由基會與所有的化學元素結合。威廉和我計算的是，在未來，外星大氣中的某種氣體需要有多少存在量，才能讓我們的太空望遠鏡測得。然後我們要判定，需要多少生物量（biomass）存在，才能創造那麼多的那種氣體，最後還要考慮到紫外線的破壞力。假如有個行星上的樹需要長到一萬六千公尺高，它所累積的氧氣量才足以探測到，那麼我們就不會試圖在那個行星上尋找生物。好吧，我們只是很可能會將它排除在考慮之外。畢竟或許在某個行星上，真的有一萬六千公尺高的樹；或許某個行星上的樹會走路；或許某個行星上的森林裡有樹國王和樹王后。

接下來，威廉和我會問另一個問題：氫元素含量很高的大氣，能否透露出生命跡象？我們需要弄清楚這一點，因為氫是一種很輕的氣體。一個行星的大氣如果含有大量的氫，看起來會比地球「膨鬆」：它的大氣層會比地球的大氣層更厚。（灌了氦氣的氣球在地球上會飄起來，是因為地心引力太弱，不足以抓住氦分子。灌氫氣的氣球也是如此。若是在質量較大、或是氣溫較低的行星上，氫氣氣球就會落在地面。）膨鬆的大氣會比較容易利用淩日法測得。比起扎實的大氣，透過膨鬆的大氣所產生的光譜，比較容易看見。這代表包覆著氫氣的行星比較容易找到。但我們不確定，氫氣會不會和生物特徵氣體起激烈的反應，在我們有機會探測到生物特徵氣體之前，就把它消耗掉了，就像早期的地球把所有的氧氣消耗掉一樣。威廉和我用電腦來模擬學界找到的所有系外行星大氣，想知道它們的生物特徵氣體能否掙脫氫氣的魔掌。

答案是肯定的。

●

我也感覺到自己充滿了各種可能性，或許那是人類在垮掉之前會產生的感覺。我可以感受到所有的情緒（除了快樂以外），而且那些情緒非常強烈。在有些日子，我早上醒來時發現枕頭是濕的，而且完全沒有上班的動力。我沒有動力去做任何事。在另一些時候，我幾乎覺得自己無所不能，彷彿我打造了一個使我不再受傷害的免疫系統。現在還有什麼能傷害我呢？我不再擔心孩子們在玩遊戲的時候有沒有注意安全，以及他們是不是想爬高爬低，或是從這裡擺盪到那裡。管他們應該不應該，讓他們嘗試吧。情況最糟又能怎麼樣呢？又要跟什麼相比呢？

我告訴我自己，我不欠任何人任何東西；我只欠我自己一個讓自己微笑的機會。我會想起麥可，想到我們初識時四處探險的時光，然後強迫自己相信，未來的日子會更快樂。我會一遍又一遍、像咒語般告訴自己：將來有一天，我有可能會交到一個更棒的摯友。然後我會攤在地上。我有時覺得自己支離破碎，有時覺得自己刀槍不入。我可以在一瞬間變換心情。

我們的鄰居有一戶人家姓威勒斯，他們是一對年長的夫婦。有一次，我工作了一整天下班之後，從火車站走回家，他們在半路攔住了我。威勒斯太太對我說：「哦，你的孩子真可愛。」這句話讓我不解，因為她從來沒見過我的孩子。她的丈夫對別人一直很好，但她顯露出一種在學生時期愛欺負人的壞心眼，她散發出一種鄙視他人、而不是溫暖愛人的氣場。我做好了心裡準備，等著她拐彎說出她真正的想法。「你的孩子把玩具留在我們家的院子裡了，」她說，「你家的院子都沒整理，你把你家的落葉堆在我們家的土地上。在康科德，沒有人會這樣做。」

我當場哭出來。真的嗎？你要跟我談我家的院子？我的丈夫過世了。想必所有的鄰居都知道了。落葉？玩具？我一句話也說不出來，好不容易才恢復正常的呼吸。她面無表情的看著我落淚。我振作起來，想要回應她的眼神，但我隨即想起，我再也不需要在乎任何事了，至少我不必在乎她怎麼看我。於是我掉頭就走。

•

我搬到孩子臥房的對面房間去睡。在麥克斯和亞力克斯決定要睡在同一個房間之前，那裡曾經是麥克斯的房間。我們剛搬進那個房子時，麥可曾經問麥克斯，他的房間想要漆成什麼顏色。麥克斯想要黃色的牆壁，然後他又請麥可在其中一面牆上，畫上一道巨大的彩虹。麥可很寵這個和他有著同樣藍色眼睛的兒子。我喜歡那道彩虹。我可以透過那道彩虹，看見我過去的人生。我們家的暖氣系統有點老舊，暖氣的供應不太平均，使得彩虹房變成了整棟房子裡最溫暖的地方。我在彩虹房裡擺了一張小單人床，我可以在睡覺時把身體蜷起來，覺得自己待在最安全的地方。

搬進彩虹房之後不久，我夢到了麥可。原來他沒有死，他又回來了，感覺非常真實。他似乎剛進行完一趟穿越荒野的漫長獨木舟之旅。那趟旅程一定很辛苦，需要消耗大量的體力，因為他看起來很累。他穿著短褲和有破洞的T恤，戴著破舊的棒球帽。不過他看起來神采奕奕，晒得黝黑，體格健壯。

「嗨。」我驚訝得說不出話，只蹦出一個字。

我有好多話想說，但我的思緒翻騰，不聽指揮。不知為何，我唯一能說出口的是：

「麥可，我把你的東西都丟了。」

他露出微笑。「沒關係，」他說，「你不是故意的。」他是如此溫柔、又如此務實。然後他就消失了。我隨即醒過來。心臟怦怦的跳。我看著牆上的彩虹，忍不住掉下眼淚。

哦，麥可，你的心好善良。

麥可在意識到自己已經沒有任何一絲希望，知道自己快要死了之後，為我準備了一份禮物。他坐在電腦前，一個字一個字的慢慢整理出我所謂的「地球生存指南」。在他過世的幾個月之前，他忍著身體的疼痛，努力做出了三頁雙行距的清單。其中一部分是許多人的姓名和電話號碼。如果這裡出了問題，要打電話給誰。如果那裡出了問題，要打電話給誰。水電工的名單。還有關於帳單的提醒。以及當孩子從現在的蒙特梭利學校畢業之後，接下來可以考慮哪一所學校。他也列出家務的清單，包括該做的家事，以及應該怎麼做這些家事。我們家有一個中央集塵系統。吸起來的灰塵最後一定會跑到某個地方，但我從來沒想過這件事。我不知道灰塵會經過一道濾網，然後進入地下室，跑進集塵箱的袋子裡。我也不知道，必須在吸塵機罷工之前更換集塵袋。在麥可的指南裡，連清空集塵箱的注意事項都有。

他當時一定是坐在電腦前，在逐漸減退的記憶中，不斷搜尋他平常做的家事，回想他生病之前的生活作息、一件又一件沒有人注意到的瑣事。那三張皺巴巴的清單，把我與麥可生前的世界連結在一起。那份清單說明了他是什麼樣的人，以及他在這個地球上做過了哪些事。在抽象與實質層面，這份清單上滿是他的ＤＮＡ。我的「地球生存指南」提供了許多問題的答案，但同時提出一個全面性的大問題：我怎麼可以全都不曉得？

麥可在世時，我一直很感激他所做的事。但是當我看著那份清單，我不確定我所表達的感激是否足夠。或許我對每件事的感激都還不夠。麥可給了我充分的時間和空間，讓我成為全宇宙其他部分的專家；而他負責把家裡照顧好，直到他再也無法照顧為止。現在，這個家成了外行人的天下。

第十一章

在地球上生存

養育子女的工作我做得還算不錯。麥克斯和亞力克斯總是保持整齊清潔，吃得營養健康。他們總是準時上床睡覺。對於人生中難以回答的問題，我總是設法提供解答。雖然放任他們自由自在我會比較輕鬆，但我為他們畫定了嚴格的界線。我幾乎不讓他們使用螢幕裝置；我們花很多時間待在公園和瓦爾登湖。我和麥克斯一起打網球，和亞力克斯一起去健行。我甚至培養出看著孩子玩樂高積木的特殊耐心，只因為他們要你陪在他們身邊。

我的挑戰主要來自這個世界，也就是一般人在日常生活中為了前進，與陌生人和事物之間數不盡的互動。我試著想起小時候的我，那個因為被忽略而被迫變得勇敢的小女孩。我曾經在一片漆黑中站在湖邊，也曾經泡在圖書館度過整個冬天，我還學習了其他人不曾知曉的事情。我可以再當回原先的那個人。我可以埋首於我的研究。

假如我遇到的問題不在麥可給我的清單中，我會從其他地方尋找答案。我猜，我可能是城裡各家商店老闆茶餘飯後的話題人物：那個看起來茫然而悲傷的女人，猶豫不決的走進店裡，問一些小孩子也能回答的問題。其實，我後來甚至開始喜歡其中的某些經驗。火車站對面新開了一家肉品店，我決定要讓店裡的兩位店員幫忙我學習烹飪。我走進店裡，買了一塊牛排，然後問他們要怎麼料理。其中一個人告訴我，把牛排切成長形薄片，在平底鍋倒入幾公分深的油，然後把牛肉放進去煎。

「放的油好像有點多。好，然後呢？」

「然後用油煎牛肉，每一面煎個兩、三分鐘。」

「好，然後呢？」

「然後你就可以吃了。」

我相信他的話，於是按照他油滋滋的指示做，結果兩個孩子和我那天吃了一頓美味的牛排餐。

另一些事情則學得比較辛苦。麥可之前會分別在四個賣場購買生活用品，但我覺得沒有必要那麼麻煩，就帶著麥克斯和亞力克斯到全食超市（Whole Foods）。我們在熟食區吃晚餐，麥克斯狼吞虎嚥的吃咖哩料理，亞力克斯吃了水果和好幾條麵包，而我去挑選雞肉和米。然後我們再去買日用品。幾個月之後，我終於明白大家為何把那家店稱作「全薪超市」了，因為你所有的薪水都貢獻給它了。從此以後，我遵循麥可精打細算的購物指南，去麥可買釘書針的地方買釘書針，去他買生鮮食品的商店買生鮮食品。我跟著他，照著每個步伐走。

對我來說，購買生鮮食品是最辛苦的事。不是因為我不太知道該買什麼，或是該怎麼烹煮我買回家的東西，而是因為我必須排隊等待結帳。當我排隊的時候，我只能站在隊伍中，被迫面對自己的內心世界。我孤獨的搭紅線火車通勤時，也經常發生這種情況。有無數次，我在排隊等著結帳時想起麥可，然後情緒開始激動。從來沒有人對我表示關心。大家都想與悲傷保持距離，彷彿我有傳染病，而他們生怕被我傳染。我一個人站在那裡，哭成淚人兒，同時擔心負責把東西裝袋的工讀生會低下頭，然後去拿拖把：**四號走道需要清理……**

洛基王牌五金賣場（Rocky's Ace Hardware）的員工？現在他們一看見我，就會提高警覺。他們應該安裝警報系統，只要我一靠近他們的大門，就有一個魯布・戈德堡機械（Rube Goldberg machine，過度設計的複雜機械，通常華而不實）裝置會把門鎖起來。在家裡，我或許已經募集了一群得力助手：潔西卡每天早上會幫忙我讓兩個孩子準備好去上學，一個星期有兩個晚上會陪伴他們；克莉絲汀在早上會來打掃家裡，有時候也會幫我們煮好晚餐，到了晚上只要加熱就可以吃；孩子放學後，戴安娜會固定在家裡陪他們。不過，有些問題是我們幾個女生無法解決的，因此我必須向外求援。當我走進五金賣場，就表示家裡發生問題，問題不是關於事情怎麼做，而是有東西壞掉了，那同時意味著，我不是正在哭，就是已經哭過了，不然就是即將要淚崩。五金賣場的一位男性店員一看到我，就會說：「女士，你不需要告訴我你的私人故事。我能幫你什麼忙？」

在那樣的時刻，我知道了別人是怎麼看我的：一個穿著黑色衣服、可憐兮兮的女人，被捲進人生漩渦裡，走不出來。

某個星期五的傍晚，我到圖書館去。我們家搬到康科德之後不久，我加入了一個讀書俱樂部，成員都是孩子學校的媽媽。其中一位問我，想不想參加她們的聚會。我一開始的反應是：*我才不要，為什麼要參加？*不過，讀書似乎不是參加這個讀書會的必要條件，而我剛在此地落腳，展開新的生活。第一次參加讀書會那天晚上，我正要開車出門時，麥可取笑我說：「反正你又交不到新朋友，為什麼要浪費時間呢？」他微笑著說。他算是有點了解我。而他對我的了解比世上任何人都更多。

但我那一天還是去了。現在，回到這個讀書會似乎是我重返現實世界最容易辦到的方法。第一步：我必須取得她們正在讀的書。某個星期五下班後，我在康科德火車站下車，那時的時間是五點四十五分。圖書館六點關門。我衝進圖書館，找到了我要的書，然後去辦借書手續，心裡有點得意。

圖書館員告訴我，我不能借這本書，因為我在另一個分館借的書逾期未還。我當下不知道她在說什麼，然後我想起來，春天的時候，我帶麥克斯去參加朋友的生日派對，亞力克斯和我在等待的時候，曾經到當地的圖書館借書。那本書被埋在我家亂七八糟的雜物堆裡。我告訴那位圖書館員，我不可能找回那本書，我只能付罰款了。

她皺起了眉頭，對圖書館員來說，遺失館藏書是天底下最大的罪。

「我需要賠多少錢？」我問她。

「十美元。」

我開始在皮包裡找錢包。

她的眉頭依然深鎖，說：「你不能在這裡付款。」

「這是什麼意思？」

「你必須到當初借書的分館去付罰款。那個分館離這裡很遠，他們的系統和我們使用的系統不同。」

我只是想要借一本書。我可以感覺到，我體內的各種情緒開始翻攪，而我無力阻止。

「如果我能在這裡還書，為什麼不能在這裡付罰款？我不懂你為什麼要針對我。我不懂你為什麼要找我麻煩。」

她沒有搭腔。

「我一週工作六十個小時。我只能在星期五傍晚來這裡，從我下火車到你們關門前，我只有十五分鐘這麼一點時間。」

此時，其他的圖書館員都圍過來了。那時可能是閉館的前一分鐘。所有人只想準時回家。我們全都想快點回家。

「我丈夫死了。我有兩個小孩。我有全職的工作。我只想參加讀書會，利用這個晚上喘一口氣。但是我必須先讀這本──」

「你把你那十美元給我吧。」她說。

●

我的工作是個磁鐵，同時具有拉力和推力。我每週工作六十個小時（四十個小時在麻省理工學院，另外二十個小時在家工作）。我發現這六十個小時不是極為消耗心神、就是非常撫慰人心，全看我那天的心情如何。我對於教師會議或是校務瑣事沒什麼耐心。假如我聽演講時發現講題引不起我的興趣，我會中途離席。時間變得非常寶貴，我拒絕浪費任何一秒鐘。然而，假如我看見我的工作蘊含價值，我就會全心投入。當我看見我的工作對研究這個宇宙至關重要，我也覺得它對我很重要。我的注意力不再理所當然的給出去，付出它是有條件的。

我同時參與了好幾個專案，打從研究所時期開始，我就經常如此。雖然每個專案都有它的目的，但都與尋找外星生物有關。我喜歡透過不同的方式來尋找同一個東西，並在不同方式之間不斷切換。出於興趣和策略的考量，我總是把研究視為一種組成周延的投資組合。我的手上通常會有一些穩定而安全的專案，雖然保守，但保證能得到結果，像是我和學生對已知真實系外行星所進行的大氣研究，包括我們對於行星的內部構造與迷你海王星的研究。我也涉足有中等風險、但可能性較廣闊的研究，像是研究岩石系外行星的氣候。這種研究的風險在於，要到多年之後，才能用實質的觀測結果來印證今日的理論。另外，我還進行一些風險與回報都很高的投資。我比其他研究者進行更多這類的研究，而這是我最喜歡的工作。這個部分包括我念念不忘的生物特徵氣體，還有阿斯忒里亞計畫。

我的小型衛星的原型愈來愈有眉目，我們發明與測試精確瞄準的軟硬體，不斷的精進內建望遠鏡與緩衝板的設計。我拚命的為阿斯忒里亞計畫排除障礙。我們透過設計與製造課完成了衛星的基礎之後，劍橋的德雷珀實驗室（Draper Laboratory）也加入了計畫。德雷珀實驗室裡的研究員主要從事飛彈導引系統與潛水艇導航之類的研究，但他們也做很多太空硬體方面的工作。計畫的成員每個星期開會，試著解決小型望遠鏡的問題。我們能製作出足夠小的微型元件，也能部署與指揮衛星，但還是不知道要如何讓衛星保持一定程度的穩定性。與此同時，我仍然持續運用生物特徵氣體的研究，來判斷哪種類型的系外行星值得我們深入探究。我認為，在我有生之年，我們要找的那種星系或許能夠找到一百個左右。每當我在某處碰壁，我就會試著在其他地方尋求突破。我一點也不想要有走進死胡同的感覺；真要碰上的話，我不確定自己能不能忍受。

我再次參與設計與製造課的教學工作。那門課依舊很熱門，負責的教授大衛・米勒對我非常好。大衛和我並不是特別親近，但他一直非常支持阿斯忒里亞計畫，而且總是以清晰而冷靜的觀點看待所有的事。第一堂課開始之前，我來到空盪盪的講堂。一排排紅色絨布座椅慢慢的坐滿學生。大衛和我坐在第一排，等待上課鈴響起。當我和別人坐在靜悄悄的房間裡時，從來沒有人知道該和我聊些什麼；而我也不知道該對大衛說些什麼。但不久之後，他轉頭看著我，露出溫暖而純真的微笑。「歡迎你回來。」他恰如其分的說。

在這個學期，這門課要進行另一個專案，叫做雷克西斯（REXIS）。它是一種X射線光譜儀，是航太總署歐西里斯號（OSIRIS-Rex）任務的五個遙測儀器之一。在大衛的帶領之下，麻省理工學院從航太總署舉辦的競賽中勝出，贏得五百萬美元的補助金，引導研究生製造雷克西斯。

在太空中，有些物體需要我們向它靠近，有些則會自己向我們接近。歐西里斯號任務的目標是，造訪一顆名為「貝努」（101955 Bennu，原本稱作 1999RQ36）的小行星。貝努是一種「碳質小行星」（最常見的行星，以碳為主要成分），直徑有五百公尺。貝努有可能在二十二世紀末的某個時間點撞上地球，不過這個可能性極低。

巴勒莫撞擊危險指數（Palermo Technical Impact Hazard Scale）是一種演算出來的指數，將近地天體撞擊地球的風險分級。貝努屬於風險第二高的類別，有二千七百分之一的機率撞上地球。它的大小大約是撞出乞沙比克灣的隕石的三分之一，所以我們最好努力不讓這件事發生。（在廣島爆炸的炸彈，威力相當於一萬五千噸的TNT炸藥；貝努的撞擊威力相當於十二億噸，我覺得不要詳細探究二者的倍數問題比較好。）歐西里斯號會登上貝努採樣，然後返回地球。我們所製造的雷克西斯看起來有點像是先進的高科技微波爐，包覆著金箔。它會隨著歐西里斯號登上貝努，然後為整個小行星照射X射線。如此一來，航太總署的科學家就能確認，歐西里斯號帶回地球的樣本是否能代表整個小行星。

這整個任務的前提是，知己知彼，百戰百勝。我通常不會參與這類的任務，它的目的是為了拯救我們這個地球，而不是為了尋找另一個地球。不過，我這次樂於和我的學生一同進行這個如此實際又必要的計畫。五金大賣場也許會讓我不知所措，但太空儀器設備卻難不倒我。

•

你是否能想像，有人正在用極為精密的望遠鏡尋找我們，還看見了地球上各個城市在夜晚發出的橘黃色光亮，一片漆黑的長方形是中央公園、黑色絲帶般的是穿越巴黎的塞納河。這樣的幻想總是會讓我心跳加速。然而在現實世界中，我的工作主要是數學的計算：理論、統計性的數學，只能憑感覺，而不是真正的看見。我們真正擁有的通常只有數字。

麥可死後，我們的四人家庭變成了三人家庭。就數學而言，他的離去意味著巨大的減損：全家的百分之二十五。不過，更嚴重的是，我們從偶數家庭變成了奇數家庭。這或許不是什麼大不了的事，但就像這個世界處處和左撇子作對一樣，我們活在由偶數主宰的世界。在內心深處，許多人總覺得奇數不夠完美、或有所不足；奇數就像是組合玩具多了一塊或少了一塊組件一樣。核心家庭的原型，也就是美國社會的神祕基礎，是由兩個大人和兩個孩子所組成。這樣的數字讓我們覺得平衡與對稱，用平方根與除法來計算，都不會有餘數。美國人的社會就建立在這樣的數學理想值基礎之上。

不論麥克斯、亞力克斯和我到哪裡，人們總會讓我感覺到，我們是不完全的。這不完全只出自我們的感覺，而是整個社會的觀念使然。假如你是個成年人，別人幾乎都會假設你有個伴侶；假如你沒有伴侶，那麼你一定渴望找到一個。餐廳的單人桌一定會擺兩張椅子，彷彿要提醒你，你的生命裡少了一個人。假如你已經成家，那麼世間的運作之道會假設你們家有四個人。汽車座位數和餐廳小包廂，雲霄飛車和博物館的家庭套票：兩個大人加兩個孩子。二加二。二乘二。四。

我會強迫自己參加和工作相關的社交活動，只為了不讓自己窩在家裡。那代表我必須把兩個孩子交給潔西卡。事實證明我太心急了，我幾乎每次都會後悔。有一次，我和一位客座講者去參加大型餐會。我沒有注意到，我的同事大多攜伴參加。有個人對我說：「你只有一個人，所以你坐在這裡。」重視邏輯、率直與實際性，曾經是我覺得麻省理工學院最令我安心的特質，現在，這些特質有時會讓我很受傷。單純的事實陳述從來不會如此傷人。

人類很不善於和受傷的人相處。假如有人和我說到關於麥可的事，他們幾乎總是說錯話。*假如我先生死了，我不知道我會怎麼辦*。這不是應該對寡婦說的話，但寡婦一天到晚聽到這種話。我後來學會把麥可過世的消息，分段透露給還不知情的人，好像需要保護的人是他們，不是我。我會這樣起頭：「你知道麥可生病了吧？」點頭。「你知道化療沒有發揮效果吧？」點頭。我會這樣持續下去，直到他們的臉上出現一般人聽見噩耗時會有的不自在表情。另一些人會十分禮貌的詢問關於麥可或是「你先生」的事，我後來發現，這個時候最好是轉移話題。「你先生為什麼不多分擔一點家事？」或是「你先生從事什麼工作？」這些問題並不好回答。我也教兩個孩子在學校或是夏令營如何回答類似的問題。我們會練習油腔滑調和打迷糊仗等方式，幫助兩個孩子穿上全副武裝，準備好全套最犀利的黑色笑話。「他現在沒辦法講電話」或是「他正在忙」或是「他出遠門了」。我們三個會一起捧腹大笑，直到笑聲慢慢變了調。

有一次，我去參加同事的婚禮。那根本是一種自我傷害。當新郎和新娘以莊重的東正教儀式交換誓約之後，我成了現場唯一的單身人士。接下來是歡樂熱鬧的派對。每個人都玩得很開心，一起喝酒，一起大笑，一起跳舞。只有我孤伶伶一個人。我走回我的車子，發現擋風玻璃上有一張違規停車罰單。我冒著入冬的第一場大雪開車回家，然後鑽進我的單人床。我不知道是哪個原因讓我觸景傷情，但東正教婚禮的排名肯定很前面。

我熱愛數字的原因，後來變成了我痛恨數字的原因。數字是二元的，非黑即白。數字不會說謊。現在，數字總是提醒我們，我們的不完整是永久的，我們被迫成為奇數。

●

我現在重新開始短期出差，而出差是我感覺自己最孤獨的時候：一次又一次的吃著一個人的晚餐。有一次，我到巴爾的摩的太空望遠鏡科學研究所出差幾天，我請潔西卡幫我照顧兩個孩子。太空望遠鏡科學研究所是哈伯望遠鏡的運作指揮中心。我是詹姆斯・韋伯太空望遠鏡諮詢委員會的成員。詹姆斯・韋伯太空望遠鏡是以紅外線運作的進階版哈伯。

在那裡，至少我不必自己一個人吃飯，我可以和鮑伯・威廉斯一起吃晚飯。對，就是獨排眾議要探索哈伯深空的鮑伯・威廉斯。我曾經從他的例子得到鼓舞，而我需要再得到一次。鮑伯約我在一間以木頭裝潢的酒吧碰面，鮑伯說，那裡有當地最好的自釀啤酒。沒多久，下班的人群開始逐漸包圍我們。我們找了張小方桌坐下，先點飲料，然後又點了晚餐。我請他把哈伯深空的故事再說一遍，尤其是那充滿爭議與新發現的十天。鮑伯把身體向後靠，露出微笑。他的體型精瘦，充滿自信，是個天生的運動員，也很健談。他不需要太費力，就能讓他的重大勝利顯得很有說服力。他用柔軟的南方腔訴說著，他是怎麼下定決心，決定不去在乎其他人的想法。他使用哈伯的權利是他靠努力獲得的。他說：「我想看哪裡就看哪裡。」於是，哈伯轉向他指定的方位，朝著一片漆黑拍照。結果，他發現了那三千個新星系，他發現了數十億個新的光亮。

不過，哈伯深空的故事這次並沒有發揮我想要的效果。我的心情低落無比。我坐在史上最偉大的探索者的對面，聽他親口訴說天體物理學界的史詩級故事，我卻只能努力不讓自己哭出來。

可憐的鮑伯，這個又善良、又有智慧的人，他能夠解開許多謎團，卻不知道要怎麼面對寡婦。深度的宇宙難不倒他，但我的深度憂鬱卻把他難倒了。他已經盡力了。我想他知道，我把他視為父親般的人物，而他也盡力把我需要的東西給我。那頓晚飯吃得像是一場折磨人的網球賽。他建議我做一些讓我自己好過一點的事：心理治療、靜坐、度個假，而我總是向他搖頭，有些建議我已經試過了，有些建議我知道對我無效。

「莎拉，」鮑伯最後對我說，「你知道當我需要讓頭腦清晰一點的時候，我會做什麼嗎？我會跑步穿越大峽谷，在一天之內完成。」

他知道我熱愛戶外運動，喜愛行動，喜愛實體成果，喜歡實際的目標。他不知道麥可和我多年來到過大峽谷很多次（至少在麥可生病之前）。大峽谷？我想起麥可和我那天在河谷的情景，麥可以神乎其技的泛舟技巧贏得了陌生人的歡呼。對我來說，那一天恍若隔世，但想起那個回憶似乎擴張了我的視野，那正是我需要的。

我停止哭泣。

●

麥克斯、亞力克斯和我一開始的做法，是跳過所有的節慶，對節慶視而不見，忽略與過節有關的所有回憶，不論好壞。麥可和我本來就不重視過節，而且我們和原生家庭的關係也沒有好到非一起過節不可。但後來，我覺得不和孩子一起慶祝節日似乎是弊大於利。於是，我開始邀請我的學生和博士後研究員到我們家過節。亞力克斯辦了吃蛋比賽，頗有電影《鐵窗喋血》（*Cool Hand Luke*）的味道。（譯注：電影主角在一個小時內吃下了五十個雞蛋，在比賽中勝出。）我也曾經在感恩節和聖誕節之間，嘗試慶祝感恩節。事實證明那是個錯誤。我烤的火雞半生不熟，我也無法把雞腿好好切下來。然後我想起來，從前我們一家四口一起吃火雞時，麥可負責吃一隻腿，麥克斯負責吃另一隻腿。我那次的嘗試很失敗。

我決定帶兩個孩子和潔西卡到夏威夷去過不慶祝的聖誕節。潔西卡的家人在聖誕夜慶祝節日，所以我們在聖誕節那天出發。飛越海洋的飛機是我想像得到最棒的隔離室。在天空中，那天感覺起來就不像是聖誕節了。

亞力克斯對健行的熱愛絲毫不減。我有一種喜憂參半的感覺。說實話，對熱愛泛舟的人來說，健行感覺像是把船從一條水路搬運到另一條水路，最後卻不下水，但我想和亞力克斯一起冒險，我想協助他做他想做的事。我對他說，夏威夷有一座山可以爬：哈萊亞卡拉火山（Mount Kaleakala）。它是一座巨大的盾狀火山，是茂宜島（Maui）的心臟，從山腳到火山口的高度落差約三千公尺。

我有點擔心亞力克斯無法負荷這個行程。在成行之前，我曾在會議上遇見一位來自夏威夷大學歐胡分校（University of Hawaii in Oahu）的教授，我向他詢問健行的事。他當場叱責我：「哈萊亞卡拉山不是讓小孩子爬的山！」我告訴他，這趟行程具有教育目的，我試著幫助孩子找到自己的力量，讓他們覺得這個世界以及他們在世界上的定位是美好的，即使我自己不一定能總是這麼想。我告訴他，亞力克斯曾經爬過其他的山，他的決心異於常人。他以嘲笑的語氣說：「每個人都覺得自己的孩子很特別。」

我並沒有因此動搖，不過我認為，我們應該請個熟門熟路的人當嚮導，以策安全。我下意識的覺得，最糟糕的情況如果發生，嚮導可以幫我背著亞力克斯脫離險境。我在網路上找到一家旅遊公司，詢問他們能否幫助我和一個六歲男孩登上哈萊亞卡拉山。這家公司在地經營了幾十年。我向公司的老闆說明情況。我有大量的戶外活動經驗，也曾經在荒野長時間旅行，以及亞力克斯想要創下世界紀錄。我本來以為他會拒絕我，沒想到他一口答應幫忙。

展開挑戰那天，我們在清晨四點半起床。我找不到咖啡喝，好讓自己完全清醒，不過我還是設法振作起精神。潔西卡開車載我們母子三人以及嚮導狄倫到步道的起點。我告訴潔西卡和麥克斯，傍晚六點在山頂和我們會合（他們會從山的另一面開車上山），但他們最好準備一些書和毯子，以防我們超過六點才到達山頂。我們兩組人互相道別，然後亞力克斯、我和狄倫開始在清晨的寒風中，從森林步道開始健行，沿著卡武波峽谷（Kaupo Gap）一路攻頂。

爬坡的路很長、很長。我們那天很幸運。早上的天氣很涼爽，我們推進了二千公尺的海拔高度。走到火山口的底部時，有雲朵像日食般遮住了烈日。稍後，天空又降下毛毛雨，為我們降溫。我們看見了哈萊亞卡拉山特有的罕見植物：銀劍（silversword），這是一種長了銀色細毛的多肉植物。但還有很多路要趕。走了二十五公里之後，我們來到之字形山路的最後一個轉折點，只剩下五公里的泥土路。亞力克斯已經累了，他的小腿開始痠痛。我告訴他，如果有需要，狄倫可以背他走。一切由他決定。他說他想完成最後一段坡路。

天色逐漸變暗，已經可以看見獵戶座，它同時是亞力克斯的中間名。爬到山頂的時間比預定晚了一點，但我們還是完成挑戰，這次的健行最終花了十三個小時多。潔西卡和麥克斯在車上等我們。我們跌坐進車裡，然後開車下山回到飯店。亞力克斯用毯子在地板上弄了一個被窩，躺下後立刻睡著。我們其他人到飯店的餐廳吃晚餐。回到房間時，亞力克斯的睡姿完全沒有改變。我輕輕的搖他，問：「你叫什麼名字呀？」他完全沒有回應。

我那個晚上也陷入沉睡。我隔天早上醒來時，發現亞力克斯坐在我的床邊，臉上露出開朗的笑容。他用欣喜的語氣小聲的說：「媽，你說如果我爬上山頂，下次就要帶我去爬四千公尺的山。我成功了哦。」

我的心頭浮現久違的輕鬆心情。我不知道是怎麼辦到的，但真的辦到了。

我們收拾行李，開車到茂宜島的另一頭，回到我們租的公寓。此時，那種輕鬆的感覺幾乎完全消失無蹤。我再度變得憂鬱，整個人又累又消沉。我吃東西時總覺得食之無味。我意識到，在未來的日子裡，快樂就像是從海面浮現的小島：我的好心情就像是茂宜島，我的絕望則像是太平洋。我的喜悅是獵戶座，周圍則是漆黑的天空。

我們搭飛機回到康科德，環境中的一切都使我想起過去的回憶，我們回到了寒冬的懷抱，回到了冰冷又黑暗的雪國日常。我的心情比出門旅行之前更低落。在我的想像裡，我的心情就像是越獄後被抓回監牢的囚犯。我曾經瞥見了一個更美好的世界，但我不被允許待在那裡。

不久之後，我又夢見麥可。他又回到我身邊了。在夢境中，他一開始總是站在屋外。然後，他走進玄關。這次，他感覺起來沒那麼粗獷了，但他的樣子看起來依然很不錯。他這次並不是結束旅程回到家。他生病了，陷入昏迷。他告訴我，假如他醒過來，會讓我知道，但他一直在沉睡。

在那個夢境中，麥可回到家裡讓我很開心，但我同時感到困惑。他陷入昏迷這件事是可以理解的（至少在夢裡是如此），但感覺起來不太真實，像是八點檔連續劇的故事一樣脫離現實。我看著他，對他微笑，然後我想起，我必須告訴他我所做的事，就像我的第一個夢境一樣：「麥可，」我用最溫柔的聲音對他說，「我不知道你會回來，所以我把你的東西全都丟了。」

麥可並沒有說他能理解。這一次，他大發雷霆。「你說什麼？」他的語氣帶有一股怒意。我怎麼能如此冷酷？我驚醒過來，臉上滿是淚痕，床上只有我一個人，漂流在大海的中央。

●

一、兩個星期之後，我的下腹部出現劇痛，痛到我無法正常的生活與工作。看診花了我很長的時間，醫生的診斷是胃痛，但我決定要做進一步的檢查。寡婦經常會遇到身體疼痛的情況，而醫生往往不假思索的認定，是心理因素造成的。我想起了麥可的腳踝，於是要求醫生為我安排檢測。她讓我去做子宮超音波檢查。

我坐在等候室，那裡有十多位孕婦，她們的丈夫看起來既緊張又開心。隆起的肚子、喜悅的期待、祝福與好消息……圍繞在如此大量的新生氣息之中，幾乎讓我窒息。我搖搖晃晃的走進超音波室，塗抹在肚皮上的冰冷凝膠和檢測棒壓在皮膚上的力道，使我感到害怕。我躺在那裡，想起了過去的人生。檢測棒上一次壓在我的肚皮上時，我看到了亞力克斯的心跳。這一次，超音波檢查沒有發現任何不尋常的東西，對四十歲以上的女性來說，這似乎算是好消息。我回到家，行屍走肉般度過那個晚上，然後倒在床上睡覺。

隔天早上，兩個孩子傳來的隱約笑聲，使我逼自己離開被窩。草草吃完早餐後，麥克斯和亞力克斯開始穿上連身雪衣。我們把塑膠雪橇塞進車子裡，然後開車到不遠的納修塔克山的山頂。

第十二章

康科德的寡婦姊妹淘

米妮梅在情人節不久前離開我們。她撐得比麥可久，多撐了六個多月。就結果而論，他們倆之間的拉鋸也算不上是比賽。我不知道她是怎麼撐那麼久的；在最後的日子裡，她變得瘦骨如柴。人們看到她的時候都會倒吸一口氣。十多年來，她靠吃藥來控制癲癇發作和膀胱結石，她甚至吃百憂解（Prozac）來減輕焦慮症。她的一生用了超過九條命，但她的心臟依然繼續跳動，那是一顆專為抵抗死亡終結而存在的客製迷你引擎。

某一天，米妮梅的後腿突然無法施力，像是看不見的內在開關被關掉了。她看起來似乎並不痛苦。其實，她好像已經沒有太多感覺了。我把她抱到我的房間，用毯子將她裹起來。那天夜裡，我每個小時都會醒過來，把手放在她的身上，感受她又短又淺的呼吸，直到我發現她呼吸停止，知道她已經進入了黑暗世界。米妮梅始終存在：她一直呼吸、一直活著。現在，她靜止不動了。

她陪了我十八年。在我成年之後，不論人生如何起伏跌宕，她一直陪伴在我身邊。她一直在旁邊如實的觀察我。她使我覺得，這世上有極少數的天選之人可以長生不死。對我來說，她的死是不容懷疑的科學證據，證明沒有人能永遠不死。假如米妮梅會死，那麼世上所有的生物都會死。

麥可在院子裡為米妮梅挖的洞，已經填滿了雪；旁邊那堆用來覆蓋的泥土，也結成了硬塊。儘管麥可設想周到，我最後還是必須像處理莫莉的屍體一樣，把米妮梅放進地下室的冰庫——我的臨時貓咪停屍間，等待院子裡的冰雪融化。我回到一樓，在廚房的餐桌邊坐下，這個曾經充滿各種聲音的房子，現在靜悄悄的。我的人生一度圍繞著生命與愛，那時，我的父親、我的丈夫、我的狗、我的貓都在我的身邊。但現在，許多生命紛紛殞落，就像機器的零件因毀壞一一掉落。潔西卡在二〇一二年初搬出去，雖然不捨，但也非得如此不可，留下兩個孩子和我在這個房子裡。我的世界只剩下發著紅光的核心。

再過幾天就是情人節了。我在山上遇到的寡婦瑪麗莎在電話裡告訴我，歡迎我的兩個孩子一起出席。我們母子三人要去參加派對了。

●

情人節那天，我既緊張又期待（或許緊張多於期待）。我提早下班回家，為了穿什麼衣服而傷腦筋。我選了黑襯衫，但我不想一身黑出席派對。我不想走桃花運，但我也不想穿成要出席喪禮的樣子。我想為慶祝而打扮，雖然我不太清楚自己要慶祝什麼。我穿上一條長及小腿肚的駝色羊毛裙，加上一條亮粉紅的絲巾。我在那個星期先找時間去做了指甲，粉紅色的指甲油為我的裝扮畫龍點睛。亮麗的色彩意外的改變了我的心情，也為我的灰黑色世界加上了新元素。

我買了一些心形義大利麵帶去參加派對。我在肉品店發現義大利麵時，心裡非常開心。店裡有另一位較年長的男性也在買東西。他也在麻省理工學院工作。當時，政府把所有的衛星歸類為武器，因為若落入壞人手中，衛星有可能變成一種武器。所以，對於外國人參與衛星相關工作的方式與時間，政府有一些規定。這位男性的工作，是確保我們在與國際學生和訪客合作時，沒有違反相關規定。我曾和他一起討論過阿斯忒里亞計畫好幾次，我們也搭同一班通勤火車上班。因此我把他視為友好陣營的人。

「這道義大利麵真是太合我意了，」我對他說，「我要去參加為寡婦舉辦的情人節派對……」他的臉上露出驚駭的表情，好像我剛剛告訴他，我打算發射武器到外太空。他一定不知道我是寡婦，雖然我以為全校的人應該都已經知道了。他向後倒退一步，似乎很怕我的樣子。從小到大，我經常引起別人的不安，但即使在我小時候，人們也不會把他們的不自在表現得這麼明顯。那個人的表情似乎在說，他看到有人違反了政府的規定。

瑪麗莎告訴我，參加派對的大人包括我在內一共有六位，而同樣遭逢悲劇的小孩則有十一位。我們住的地方分布在幾公里的範圍內，我一直認為，這樣的巧合實在不太合理。這個古老而典雅的小鎮一定被詛咒了。麥克斯和亞力克斯有點緊張，因為我們很少參加和我的工作無關的社交活動。但我計算過機率。「你們至少認識其中一個小朋友。」

我對他們說。畢竟他們有參加足球隊和夏令營。

派對的主辦人名叫蓋兒，她家很大，廚房的採光很好，讓人覺得十分舒暢。她比我稍微年長一些，或許因為這裡是她家的關係，她不停調度大家，掌控了全局。其他的寡婦姊妹淘姊妹在之前只聚會過一次，所以她們現在正彼此熟悉。我們圍在蓋兒的四周，就像學生在開學第一天圍繞在老師身邊一樣。我們把身體靠在流理台邊，手沒有閒下來過，不是忙著端飲料給別人，就是拿著自己的飲料杯。晚餐準備好的時候，我們這群寡婦一起忙著把食物盛裝在盤子上，把一盤盤的食物端給彼此。

其中一位寡婦名叫潘姆，她是我們當中最年輕的一個，身材很好，穿著很時尚。她的頭髮非常直順，牙齒很整齊，我很訝異她竟然可以把自己照顧得這麼好。我和米卡曾有一面之緣，但我花了一點時間才想起來：米卡和我在公園裡聊過天，當時她對我戴的玉石項鍊很好奇，那是父親送給我的禮物。我也記得，她的丈夫那天和她在一起。我忍不住猜想，那天之後，他們遇到了什麼憾事。另一位個子嬌小的成員名叫戴安，她有一頭深栗色的頭髮，她靜靜的站在角落，模樣看起來和我同樣害羞。最後一位是瑪麗莎，一臉微笑的她散發出迷人的光采，比我在納修塔克山上看到的樣子更美。在白皙皮膚的襯托之下，她的一頭紅髮看起來像火焰一般。

兩個孩子已經不見蹤影。少了他們的陪伴，我有點失落的站在那裡，試著和其他人閒聊。我們彼此唯一的共同點是，我們的丈夫都出了事。我自己很少開口，大部分時間都在聽別人說話。我保持低調，讓其他人表現。寡婦姊妹淘的姊妹看起來都很健康，她們全都散發著一種類似的光采。我不知道她們看著我時，看到的是星星、還是陰影。我通常不會在意別人對我的看法；我總是與人保持距離，雖然一直要到多年以後，我才透過診斷明白個中原因。不過，我現在置身的派對是為女性舉辦，而這些女性至少有一個方面與我非常相似，難免就在意了起來。大約十分鐘之後，麥克斯和亞力克斯再度出現在廚房，兩個人蹦蹦跳跳的，彷彿飄浮在空中。他們想告訴我，我說對了：他們認識其中一個和他們年齡相仿的男孩，那個男孩曾和他們參加同一個夏令營。然後他們又一溜煙的跑走了。他們的快樂具有感染力，我覺得自己開始放下心防。我可以稍微做一下自己。

寡婦姊妹淘的聚會有一點不太尋常：其他的人都沒有上班；有些人的丈夫是專業人士，有些人和丈夫一起經營事業，在丈夫過世後，她們就把公司賣掉了，所以沒有人問我關於工作的問題。在某種程度上，我稍微鬆了一口氣。我是新加入的成員，所以我一直感到相當焦慮和猶豫。在進門之前，我試著在腦海中演練，要如何和其他人談論我的工作，而對話總是以不太好的方式收場：

「莎拉，你從事什麼工作？」

「我在麻省理工學院教書。」

「你教什麼？」

「行星物理學。」

「哇，嗯……那是什麼？」

「我在尋找太陽系以外的行星。根據推測，其他的恆星應該會有行星，我在尋找那些行星。」

「為什麼？」

「因為我想在宇宙裡找到其他的生物。」

「你是說外星人嗎？你在找外星人嗎？」

「科學家不把他們稱作外星人，我們稱作其他的生物。」

「這樣子呀。所以……你在找外星人？」

至少就現在而言，其他人把我視為和她們一樣不幸的同伴，對我來說會比較好。在這點上，我們完全一樣。她們在上次聚會時，應該只聊到一般的話題，像是孩子、學校和家鄉背景之類的事，還沒有真正聊到自己的事。因此，她們現在開始分享生活的細節，這才是大家想知道的重點。

「你們的老公是怎麼死的？」有人問道，「什麼時候死的？」

我回答：「癌症。」

有另外兩位寡婦的丈夫也是死於癌症。瑪麗莎的丈夫因為自行車事故而過世。他騎著自行車下陡坡，撞上一隻橫越馬路的老鼠，整個人翻過車把，頭部撞擊地面，當場死亡。瞬間死亡。另一個人的丈夫在登山時死亡。還有一個人的丈夫輕生身亡。

接下來是日期。我們稱之為「死亡日」。

我說：「七月二十三日。」麥可離開已經快要七個月了。再過五個月左右，我就要面對他的第一個忌日了。我再度迷失在自己的思緒裡。我看到有人正在記下人名和日期，但我不懂她為何要這麼做。

我們進入餐廳準備用餐，所有人圍著一張巨大的餐桌坐下，桌上已經擺好了正式的餐具組。蓋兒坐在首位，其他人就在她周圍唧唧喳喳的說個不停，很期待能夠彼此了解，也期待能暫時擺脫日常的沉重步調，喘一口氣。突然間，米卡看著蓋兒，不假思索的衝口而出：「蓋兒，你在和人約會對嗎？」其他的人立刻中止了對話。所有的人望向蓋兒。

「沒有。」她說，「我只和對方見過一次面，我們不太投緣。」我又回到派對剛開始時的不自在。我不知道我們會不會開始刺探彼此的私生活，我是不是要和大家輪流說出自己心中的恐懼和祕密。我還沒有準備好要這麼做。

蓋兒聊起她的婚禮：「我們簽了婚約（ketubah），也就是一種猶太婚姻契約。」她指著牆上裱框的美麗印刷品，上面有雅致的書寫字體和圖案。「婚約的最後一句是從現在直到永遠。」我想起了我的婚禮誓詞：我願意與麥可維持夫妻關係，直到死亡將我們分開。我正要開始思索這兩者的分別時，蓋兒的酒杯突然在她的手中碎裂。大家先是緊張的笑出來，然後話題就轉變了。

我們聊個沒停，分享各種人生經驗、更深入的了解每個人。透過這樣的方式，彼此間的無形羈絆就此形成。蓋兒的父親也在家（他最近剛喪妻，以他的年紀來說，似乎比較不令人意外），他用顫抖的手幫我們拍了一張並肩站在一起的模糊照片，此時的我們已經有多一點的勇氣，來接納這樣的連結了。麻省理工學院給了我歸屬感，使我覺得我終於找到了和我有點像的同類。但這個聚會與麻省理工學院不同。失去丈夫使我覺得，我在未來再也不能和別人產生完整的親密關係。但在蓋兒的家，我並不孤單，我不再是孤身一人。我不再是她或她們，我是莎拉。我是很高興認識你。我是我們。

能夠再次使用「我們」這個詞，感覺真的很棒，感覺像是一道溫暖、明亮的光亮。

寡婦姊妹淘決定，每隔一週相約在星期五早上一起喝咖啡，輪流到每個人的家裡，讓太過安靜的房子稍微熱鬧一下，然後再去尋找下一個能夠讓我們忘記悲傷的東西。我們的孩子大多已經上小學了。我們可以和彼此分享心中的感受，而且知道，這裡的每個人都聽得懂那些話。

情人節的幾個星期之後，輪到我主辦咖啡聚會。那時是三月，早晨十分晴朗，陽光穿過大型凸窗灑入我家客廳。我坐著等大家來到，並提醒自己傾聽的重要性。有三、四個人陸續抵達我家，生性慷慨的蓋兒還帶了一束花來。特別的是，有一位新姊妹會加入寡婦姊妹淘。我們準備了一個大型盆栽植物要送給新姊妹。後來才發現，我們那天都在聽她的故事。

她名叫克莉絲，來自隔壁的萊辛頓鎮（Lexington）。她的丈夫一個月前才剛過世，在二月滑雪時發生意外，撞上了一棵樹。那年冬天不冷，雪下得不多，我很意外他們居然還去滑雪。

遇到暖冬，雪又下得少……不難想像是哪裡出了差錯。我們都很清楚，人生隨時可能會轉彎。也許雪地的狀況不太好；也許發生了結冰和融化的情況，使得樹幹周圍的土地露出來，以及山坡某些區塊的冰多於雪。克莉絲的丈夫無疑在他喜愛的坡道滑過無數次雪。他或許達到了平常的速度，但無法像平常那樣控制方向，結果滑進樹林，一頭撞上樹幹，然後倒地不起。他原本生龍活虎的，但在錯誤的週末，選擇了錯誤的山坡和錯誤的路徑，最後就這樣送了命。他的老婆下半輩子都要聽別人一再告訴她，至少她的丈夫死的時候在做他熱愛的事。而我知道，這種話永遠無法讓她覺得好過一點。

克莉絲加入我們之後，寡婦姊妹淘就有七位姊妹了。克莉絲的年齡和我相仿，她的兩個孩子（一男一女）也和麥克斯與亞力克斯差不多年紀。現在，孩子增加到了十三人。克莉絲站立了很久，才和我們一起坐在客廳裡。我剛到門口迎接她的時候，我以為她的狀況很好。她的工作是資料分析師，正在請喪假。她從頭到腳一身黑，但髮型和妝容打點得很好。不過當她試著要開口時，卻立刻哭了出來。她在我的沙發上哭成淚人兒，眼淚滴進了她的咖啡裡。她請我們原諒她的失態，但這樣的道歉永遠是沒有必要的。她勉強說出丈夫的死亡日期，就再也說不出話了。日期，只說得出這麼多，真的。但她驅除心魔的過程才剛開始。

我們有分享私人故事的模式。一旦開始分享，就會滔滔不絕的全盤托出。但在每次的分享之間，可能會有幾週、甚至幾個月的靜止期，進行個人的反芻。我從來不確定，這些中間的暫停時間是對說的人有好處、還是對聽的人有好處：那段時間是為了讓說的人重拾力量，還是讓聽的人消化別人傷心故事裡的細節和人物。感覺起來就像是，我們共同承擔的負荷總量不變，只是有時是這個人說，有時是那個人說，而彼此之間保持著心照不宣的平衡。假如我們當中的某個人說出自己的故事，卸下一些痛苦，其他人就必須幫忙扛起這些重擔。我們像是由騾子組成的行進隊伍，以歪七扭八的隊列，走在險峻的地形上。每個人輪流帶隊，駝起最重的貨物，讓其他的人休息一段時間。我們知道，克莉絲就和我們所有人一樣，遲早會說出她的故事，也許是片片段段的說，也許是一口氣全盤托出。到了那個時候，我們會心照不宣的點頭。沒有誰的故事比其他人的故事更悲慘，也沒有誰的傷痛比其他人的傷痛更嚴重。大家的結局都相同。死去的丈夫有七種人生，留下的妻子卻只有一種服喪人生。

克莉絲的情緒稍微平復之後，她止住了哭泣。她用紅紅的眼睛看了每個人一眼，瞧著我家客廳裡滿滿的陽光、鮮花和整理得很乾淨的盆栽。

我希望她也能把她的盆栽照顧好。我不知道克莉絲是否已經準備好加入我們的行列，所以我把這個想法放在心裡，沒有說出來。假如我剛喪夫一個月，我是不可能辦到的。麥可過世一個月的時候，我感到無比的自由。那時的我還沒有失去方向感，還不會找不到去美髮店的路。我也還沒有從芙瑞雅那裡知道，我在秋天過後會陷入低谷，或是要開始承受應付遺囑和現實世界的痛苦，或是發現跟五金賣場和肉品店的員工互動有多麼困難。克莉絲現在仍然會在週末帶孩子去滑雪，打包行李帶著孩子開車到佛蒙特山脈。雖然很累，但這是他們的例行性行程，而且她還不知道他們能做些什麼其他的事。我想，可能再過五、六個月，等她初步面對了一些最嚴酷的事實之後，才是她加入這個臨時團體治療聚會的最佳時機。我們不會拒絕她加入，但也不會這麼快就告訴克莉絲：打從她的丈夫最後一次坐上滑雪纜椅上山的那天開始，她就已經是我們的一分子了。

「哦，天哪，我一天到晚搞不清楚狀況，」她說，「你們全都頭腦好清楚、好有條理。莎拉，你家好乾淨哦。」

她的話差點讓我笑出來，幸好我及時忍住。克莉絲眼中的我，就像是我那天早上在山上看到的瑪麗莎。那種眼神帶有一種羨慕，就像是還在受苦的人，看著已經走出痛苦的人，或是剛被擊倒的人，看著已經跨過鴻溝、走到另一邊的人。她絲毫不知道，我在過去幾個星期努力想要振作起來，去禮儀公司把麥可的骨灰盒拿回家，但最後還是失敗了。禮儀師戴維一再的告訴我，不用急著去拿。他說：「麥可不會在乎你需要多少時間來做好心理準備。」

那年春季的某一天，我真的認為自己已經準備好了。我一下火車，就感受到空氣中的暖意。我跨越馬路，走進禮儀公司。在我進門的那一刻，我發現自己即將淚崩。戴維用一貫務實的態度迎接我：愉快開朗，但不過頭。他請我進他的辦公室。我根本沒辦法好好說話，才說出：「我好想哭。」然後就哭出來了。戴維微笑看著我。他擁有一種讓人放下戒心的特質。禮儀師或許是地球上最善於解讀人心需求的人。戴維知道我不想要他的憐憫，而他的微笑不帶有任何憐憫的意味。他露出一種有點頑皮的表情。「我知道你還沒有準備好，莎拉。」他說道。「在你準備好以前，他可以一直待在這裡，不論多久。」戴維再度露出微笑。「麥可在這裡有很多同伴。」

•

寡婦姊妹淘的星期五咖啡聚會變得愈來愈輕鬆。我們愈來愈少談論亡夫的事，愈來愈常聊到我們正在學習適應的新生活。抱怨命運不公平的次數和方式是有限的，抱怨久了就愈來愈沒意思。我發現，大家的生活資訊匯總起來之後，對我非常有幫助。我還在學習這個世界的運作之道，而寡婦姊妹淘的姊妹都非常有智慧。她們每個人都幫我在「地球生存指南」上，增添了不少新的項目。

我從來不在乎錢的事。麥可死後，我更加不在意錢的事。我的開支總是不超過收入，所以我從來不需要為錢操心。此外，對我來說，錢一直是個奇怪而武斷的發明。同樣的紙張因為印在上面的數字不同，就具有不同的價值，我從來不認同這個概念。這太荒謬了。這就像眾人（或某人）認定鑽石有價值的邏輯。鑽石是閃閃發亮的石頭。石英也是閃閃發亮的石頭。煤塊也是。我為何要認為，鑽石的價值高於其他兩樣？麥可的節儉讓我印象深刻，我母親過的寒酸生活也是。有錢總比沒錢好，這個道理我懂，但我對錢的看法僅此而已。我不知道有多少錢才算足夠，或是要如何賺更多錢，或是當我賺到更多錢以後，那些錢我要用來做什麼。

寡婦姊妹淘裡的其他姊妹都花更多的時間思考錢的事。她們經常談到錢。我意識到，我最好試著理解錢複雜的一面，尤其是如何保有財務安全。我們聊到保母的合理工資，以及哪些支出可以申報抵稅。我們也聊到喪偶可以領取的社會福利，以及該為每個孩子存多少教育基金。

我們也常聊男人的話題，頻率僅次於談錢。大約有一半的姊妹已經開始約會、認識新的對象。每個星期五都會聽到當週最新的恐怖故事。有一次，米卡告訴我們，她最近一次的約會經驗糟透了，她覺得自己寧可待在家裡，整理廚房櫥櫃裡的東西。我幾乎沒有參與她們的討論。我不喜歡談論男人的事，或是我需要或不需要男人。我壓根沒想過要尋找新的戀情。

不過，我倒是開始覺得，我可以跟其他人聊一下我的工作。系主任在春季班沒有為我排課，不過，我大部分的時候仍然會進辦公室，不是開會、就是做研究。星體已經成為我生命中的基本要素，不談它會使我覺得對自己不誠實。儘管如此，我仍然留意不要講太多細節。我最近的研究主要聚焦於生物特徵氣體和阿斯忒里亞計畫，這些主題太深奧，不太適合放進閒聊裡。但我的學生和博士後研究員進行的是更廣泛、更相關的研究，包括經常登上媒體版面的克卜勒新發現。

尋找外星生物愈來愈像是科學研究，而愈來愈不像是科幻小說的情節，它不再只是陰謀論者和阿宅才會去討論的工作。然而，我有時還是會因為一些事情感到難過，像是懷疑論者的冷嘲熱諷，或是人們無視於我的學術地位、不在乎人類是不是宇宙中唯一的生物。當人們（通常是想要刪減預算的政治人物）拿五十一區（Area 51）、肛溫探針或是《國家詢問報》（*The National Enquirer*）上的蟲眼外星人想像圖來開玩笑時，我也會心痛。我努力想要幫助人們意識到，認為地球是宇宙中唯一的藍點，才是比較奇怪的想法。宇宙裡有無法度量的行星。從統計學的觀點來看，地球是唯一有生物存在的星體，這樣的機率有多高？

前一年的十二月，航太總署大張旗鼓的宣布，克卜勒發現了第一個在類太陽恆星適居帶運行的小型行星：克卜勒 22b。我們對這個遙遠的鄰居所知不多，只知道它的大小和軌道。不過，那已經足以引起大眾的注意。克卜勒 22b 的大小是地球的兩倍多一點，在當時，它是人類在類太陽恆星適居帶裡找到的最小行星。

有些訊息從科學界傳到主流媒體時會失真。許多媒體的頭條大聲宣告，我們找到了另一個地球，但事實上，克卜勒 22b 的構造遠比地球更不適合居住。就這種體積的行星而言，它的大氣非常有可能比地球的大氣厚很多。這很可能代表有一層令人窒息的溫室氣體包圍著它。或許克卜勒 22b 的大氣非常厚，以致星體沒有我們認知中的那種固態表面。不論是哪一種情況，都幾乎可以篤定，生物無法在上面存活。

這個發現仍然很重要。僅僅在一、二十年內，人類搜尋行星的能力產生了大躍進。我們的儀器使天文學家能夠在更接近恆星的地方，看見更小的目標。小一點其實是好事。較小的行星可能代表它有較薄的大氣、較低的溫度，以及岩石表面。類似地球的行星一定存在，或許有數百萬顆。我告訴寡婦姊妹淘的姊妹，我很肯定，將來有一天，「我們會知道自己並不孤單」。她們看著我，出於禮貌的點點頭，一如往常的支持我。然後，我們再度把話題轉向如何在沒有老公的世界生存。

第十三章

珍珠般的星星

我們在廢棄飛彈基地的一大塊水泥地上聚集。夜幕低垂，一片漆黑，伸手不見五指。待在那裡讓我們有點緊張。那天是月缺，沒有光害使得星光明亮無比，天空滿是純白的光亮。我們抬頭仰望，屏氣凝神，彷彿第一次看見星星。

我在新墨西哥州的中央，測試阿斯忒里亞計畫的一個新組件。我愈來愈確定它的價值了。阿斯忒里亞不是哈伯、史匹哲或克卜勒，它所執行的任務可能永遠不會像前輩們一樣宏大。畢竟不是每一幅畫都應該或可以成為梵谷的《星空》（*Starry Night*）。浩瀚的宇宙還容得下一些小一點的計畫、不同的藝術。克卜勒或許發現了數千個新世界，但它無法讓我們知道，在其中任何一個世界裡，是否有生物存在。克卜勒掃視遙遠的星域，但因為那些星域距離我們太遠，天文學家唯一能做的只有假設，而且只能在像是克卜勒22b這樣的地方做出假設。

但假如我能讓阿斯忒里亞順利運作，並且找到方法在太空放置一列這種衛星……它會結合克卜勒的最佳觀測結果，在類太陽恆星旁找到小型行星。另外，凌日系外行星巡天衛星負責在地球的附近專注尋找紅矮星。雖然我在麥可生病時退出了凌日系外行星巡天衛星的工作團隊，但設計與製造課所製作的雷克西斯已經完成。現在，阿斯忒里亞是我的最愛。

我的團隊打造出一台原型攝影機，它可能有足夠的穩定性，而且可以在溫度較高的環境下運作。（大多數的探測器必須保持冷卻，這會提高衛星的複雜度。）我只是不確定，它能不能見到我們要它看見的東西。我當時有一個特別聰明而且投入的研究生，名叫瑪莉・克納普（Mary Knapp），我第一次在大學部教設計與製造課時，她是我班上的學生。她建議我們到戶外測試攝影機，用它來觀測實際的星星。她建議我們到新墨西哥州的沙漠進行測試。那年四月會有新月，使得沒有光害的沙漠天空顯得更加漆黑。麥克斯和亞力克斯的學校那時恰好也放假，所以我可以帶他們同行。我雖然很想看星星，但我也希望每天能見到這兩個孩子。

我們確認了團隊成員名單。除了瑪莉之外，還有研究助理貝琪（她同樣上過阿斯忒里亞設計與製造課）；來自瑞士的博士後研究員布萊斯；以及另一位博士後研究員弗拉達。（弗拉達是一個英俊、有魅力、膚色深的塞爾維亞裔瑞士人。寡婦姊妹淘的姊妹一定會愛死他。）我同時把這趟行程定義為度假。我將要和一群活力充沛的年輕人，遠離新英格蘭的寒冷天氣，進行一次充滿希望的測試。對我來說，它可能是新生活、新人生的新篇章。

行程中發生的一件小事幫助我意識到，我對這個世界的看法傾向於非常悲觀。團隊成員開了一輛很大的運動休旅車，到羅斯威爾（Roswell）當地的機場接我們母子三人。我們一出機場的入境門，就得到熱烈的恭喜祝賀：我獲頒賽克勒國際物理獎（Sackler

International Prize in Physics）的消息傳開了。（這個獎項是頒發給做出卓越原創貢獻的年輕科學家。我是因為系外行星大氣研究而獲獎。）當然，我感到很榮幸，而且獎金高達五萬美元。這令我相當開心，不過，我面臨了一個難題（我有時會覺得，我的人生是由一連串的難題所組成的），我必須到特拉維夫大學（Tel Aviv University）去領獎。單程飛行時間是十一個小時，而且我還必須在那裡待上兩天，所以我不可能帶兩個孩子同行，我必須把他們留在家裡。當我在康科德附近出差時，我一般會這麼做。我從來不曾離開孩子這麼遠，這樣的距離使我感到害怕。一想到兩個孩子沒有直系親屬照顧，而我又要出遠門，就令我驚慌不已。萬一他們生病了，該怎麼辦？萬一他們其中一人跌斷了腿，該怎麼辦？結果，我並沒有因為到了新墨西哥而興奮，反而滿腦子只想著我認為非常嚴重的問題。

在從機場到飯店的路上，我看著車窗外的景色，試著沉浸在變化無窮的沙漠風情裡。新墨西哥的有些地方看起來像月球，有些地方看起來像火星。我在想，或許每個岩石行星的地貌，以及月球表面的每個地形，都可以在地球上找到相對應的景色。就在這個時候，一個兒子說他尿急。我們此時正在荒郊野外，沒有其他的車輛在這條公路上。我向鐵鏽色的地平線望去，只看見乾枯的灌木叢和一些粗壯的仙人掌。兒子不好意思在沒有樹叢遮掩的情況下尿尿，於是我帶他到離馬路遠一點的地方，並且用力踩踏灌木叢旁的野草，讓他知道沙漠很安全。結果，一條體型相當大的響尾蛇突然冒出來，發出嘶嘶聲以示不滿。我們當下拔腿就跑，衝回車上。兒子對我說：「媽，我不用上廁所了。」

我們抵達飯店後，發現那裡有一個小型泳池，我們所有人立刻就下水和兩個孩子一起玩水。弗拉達用力把他們丟到空中，他們興奮的笑聲和激起的水花聲，讓泳池變得熱鬧無比。

突然間，麥克斯和亞力克斯跑出泳池，把我拉到一旁，急切的低聲告訴我：「弗拉達有一點奇怪。」

「哪裡奇怪？」我問。

「他的胸部為什麼有長毛？」麥克斯問道。

家裡的幫手以及寡婦姊妹淘的姊妹和孩子們，給了我們母子三人溫暖的安慰。但我此時突然驚覺，兩個孩子的生活中需要有多一點男性人物的存在。

我問過當地的業餘天文俱樂部，哪個地方最適合用來測試攝影機的功能。那天晚上，他們邀請我們參加他們慶祝新月的觀星派對。我們在黃昏時分來到廢棄的飛彈基地。我抬頭仰望星空，童年的驚嘆心情再度湧上心頭。我想，兩個孩子應該也有相同的感覺。

我們把攝影機架好。雖然我們必須回到麻省理工學院才能分析資料，但這個從未應用在天文觀測的新型探測器，似乎運作得很順利。我們知道，至少我們的實驗不是完全失敗。在兩個孩子、我的學生、攝影機和天上星星的陪伴之下，我的心頭忽然閃過一種情緒，一種我非常陌生的情緒，我幾乎想不起來該怎麼稱呼它：希望。

沙漠的氣溫下降，在水泥地以外的地方，蛇和蠍子紛紛跑出來。業餘天文俱樂部的成員先行離開。麥克斯、亞力克斯和我留在原地，我們佇立在新墨西哥的沙漠與銀河之間。我們原本想像會遇到可怕的東西，像是響尾蛇或其他更嚇人的生物，但是那個情況並沒有發生。我們三個人一起站在沙漠裡，在沒有月色的夜裡，一點也不想離開。我們想要一直待在那裡看星星，直到太陽升起，把它們一個個蓋過去，直到最亮的星星也消失。

儘管如此，我們仍然知道，那些星星一直都在。人們總是愛說，太陽永恆不變，即使在黑暗的日子裡，我們知道太陽依舊會升起。但是另一種相反的情況也同樣存在：即使在陽光最燦爛的日子，在藍天之外，數不盡的星星依然在我們的頭頂上，散發光芒。

•

在接下來的那次咖啡聚會，我把新墨西哥的經歷說給寡婦姊妹淘的姊妹聽：星星有多麼美，幾乎觸手可及。我一般只對天文學家或航太工程師談論阿斯忒里亞，而他們會問我一些技術性的問題，像是相機的鏡頭、預測的軌道，以及我們使用的軟體等等。但寡婦們對那些事情不感興趣。

米卡說：「你好像經常帶孩子一起出門。」她並沒有惡意，只是點出她觀察到的事實，像是提出程序問題。不過，我覺得我在她的語氣中聽見一絲評斷的意味。

「是啊，」我說，「我們出門的花費愈來愈高了，我的現金存款快要見底了。」

此時，寡婦姊妹淘幾乎異口同聲的把我的財務疑慮掃除。「那個一點也不重要。」有個人這麼說。

「只要開心就好。」另一個人說道。

米卡決定獨排眾議：「你不管去哪裡都要帶著他們嗎？聽起來很累耶。」

我深吸了一口氣，然後坦白承認我最害怕的事：孩子有可能會在我不在他們身邊的時候，發生不幸的事。就像一眼失明的人會無止境的擔心失去另一隻眼睛的視力，我一直想像，萬一我死了，兩個孩子就會變成孤兒。不知為何，我最擔心的是，我會死於空難。我知道那個機率有多低，但對我來說，那個可能性很真實的存在著。（我已經去找過芙瑞雅，請她幫我做了滴水不漏的遺產規劃。）只要有絲毫的可能性，意味我有可能永遠離開他們，我就不敢放心的把麥克斯和亞力克斯留在家裡。

「哦，莎拉，」米卡說，「你必須向前走。」

有時候，某個人說的某個最簡單的道理，會突然打中你的心。那一刻就是這樣。那句話我聽過無數次，已經毫無感覺了。但不知何故，米卡的意見彷彿在向我陳述一個事實：**地球是圓的，天空是藍的，我必須向前走。**道理非常基本與淺顯（生命的意義在於變動，不斷的轉變），聽起來卻無比深刻。她的話語在我的腦袋裡找到了接收器。以前當我聽到那句話時，那個接收器一定沒有打開。

或許，會發生這樣的改變，是因為我們在那個晚上看了星星的緣故。觀星行程結束後，瑪莉、兩個孩子和我來到機場，準備要搭回家的第一段飛機。瑪莉負責提裝了阿斯忒里亞攝影機的黑色硬殼派力肯（Pelican）提箱。我們要搭的飛機出乎我意料的小。當我們頂著大太陽踏入停機坪時，行李搬運員堅持要瑪莉把提箱放到貨艙去。瑪莉試著解釋說，提箱裡裝的不是內衣褲和襪子，而是價值上百萬的儀器和心血。飛機的引擎聲很吵，我聽不見瑪莉說了什麼，但她的肢體語言一點也不像她平常的作風。瑪莉的個性沉穩，經常笑容滿面。但此刻的她非常激動、兩眼睜得老大，雙手不斷揮舞。若要知道我們在宇宙裡的定位，我們可能要靠這個表面有許多傷痕的塑膠提箱裡的東西。

行李搬運員不為所動：提箱必須放到貨艙。瑪莉拒絕了。身為崩潰專家的我，決定出手幫忙解決問題。瑪莉和我試過了所有的招術：討價還價、甜言蜜語、哀求、命令、微笑、警告，在飛機起飛之前，我們用盡了所有的詞彙，來說明我們為這個東西付出了多少努力和時間。我不確定是怎麼發生的，但我們最後贏了。攝影機可以跟著我們走。

唯一的問題是，那陣混亂結束之後，兩個孩子卻不見蹤影。飛機眼看著就要起飛了。瑪莉和我發了瘋似的四處找人，最後我們衝上飛機，那裡是我們唯一還沒有搜尋過的地方。我看到麥克斯和亞力克斯坐在他們的座位上，安全帶已經繫好，準備好要起飛了。我鬆了一口氣，並覺得有點不好意思，同時心中非常感動。

「他們沒有你也一定活得下去的。」米卡說。她的下一句話把我拉回現實：「他們沒有你也會活得好好的。你必須放手讓他們長大。」

她說得對。我的孩子還小，只有九歲和七歲，離青春期還有好幾年，但他們正在順利的成長。當我正想要好好了解他們的時候，他們的變化卻像我的專業領域一樣，以光速前進。他們愈來愈有能力，也愈來愈有責任感。**他們一定活得下去，他們會活得好好的**。即使經歷了許多事情，這兩個可愛的孩子將來還是會變成優秀的大人。他們會靠自己的力量打造出自己的未來。

●

某個星期五早上，我們開始向彼此揭露自己的寡婦超能力：在公眾場合如山洪暴發般的大崩潰。我不記得自己哪一次的失控最有淨化情緒的效果。我可以告訴她們我去圖書館借書的事，或是在大賣場排隊結帳的事，或是威勒斯夫婦對我家的落葉和孩子的玩具很有意見的事，或是那次到五金賣場，或是另一次到五金賣場，或是再後面那次到五金賣場時所發生的事。但我決定要說與威廉・貝恩斯有關的事件，就是我那位來自英國、充滿想像力的研究夥伴。

威廉現在每季會從英國到美國來訪問。我們兩個人傾注了所有的心力，研究生物特徵氣體。我們有時候會利用週末在我家工作，盡量善用他在美國的所有時間。威廉的四個孩子都已成年，養育子女的經驗使他和我的兩個孩子相處時，沒有發生太大的問題。有一個週末，我問他能否替我陪伴亞力克斯，因為我想放鬆一下，和麥克斯去打網球。一對一的相處很重要。給予孩子各種關注很重要。我們四個人到公園去，那個公園很大，網球場在公園的盡頭。我看著威廉和亞力克斯朝著遊戲場的方向走去。

「跟我來。」亞力克斯對威廉說，然後他們就消失在我的眼前。

我和麥克斯打完網球之後，我們一同走去遊戲場找另外兩個人。我看到威廉躺在沙地上，皮膚失去血色。亞力克斯正跪在他的身旁。

「威廉！你怎麼了？」

他的反應讓我有點反應不過來，我以為他在跟我開玩笑，以為他在玩遊戲。然後我才意識到，他的怪異反應是劇痛造成的。他很確定自己的肩膀脫臼了。「忍耐一下，威廉！」我對他說，然後跑去把車開過來。我們四個人上了車，威廉的額頭不斷冒出大滴大滴的汗。我們穿越康科德市區，衝向當地醫院。那家醫院就是麥可剛生病時去看診的醫院，也是對他的背痛置若罔聞、害他毀掉腳踝的醫院，更是送他回家進行安寧療護的醫院。

那些回憶瞬間湧了上來。醫院的氣味以及一點忙也幫不上的機器發出的嗶嗶聲，把那些回憶帶到了我的大腦額葉。負責檢傷分類的護理師一直在問威廉愚蠢的入院問題。威廉的眼眶泛淚，他顯然很痛，而他只需要有個醫生來幫他把脫臼的骨頭歸位。身為有禮貌的英國人，威廉咬著牙回答了所有的問題。我超想一把抓住那位護理師，對她大吼：「**快幫他找個醫生！**」然後，她在電腦上按錯了鍵，把剛剛記錄的資料全都刪除。

她說：「哦，真糟糕，我必須重新再來一遍。」

她的粗心大意、她的冷漠，我彷彿可以在地磚上看見麥可鬼魂的倒影……所有的一切加在一起，形成了炸彈的導火線。我當場一整個大爆炸。威廉事後告訴我，他從來沒見過如此驚人的場面。我最後被迫離開現場，我向威廉道歉，請他在治療結束後打電話給我。我無法再和那群人在那個地方多待一秒鐘。後來威廉來我家時，我再度請他幫我照顧亞力克斯，「但要注意安全！」於是他們決定玩瞪眼比賽。

我把那天的經過說給寡婦姊妹淘聽。我跟著大家稍微笑了一下，也哭了一下。然後，其他人也紛紛公開自己的故事。我跟著她們又哭又笑。有一個人因為不小心違反停車場不成文的規矩，在學校走廊和某個家長大吵了一架。瑪麗莎帶兒子到波多黎各度假時，發生了一次驚天動地的崩潰，害她差點上新聞。（她在飯店泳池畔淚崩，她向其他人解釋，她是因為丈夫過世而痛哭，但由於語言不通的關係，當地人誤以為發生了謀殺案。）克莉絲則是提到了她在大賣場弄丟車鑰匙的傷心故事（大賣場顯然是寡婦的第七層地獄〔但丁《神曲》裡所描述的地獄一共有九層，愈後面的層數刑罰愈重〕）。當她正急著要去接小孩放學時，發現車鑰匙不見了，賣場經理試著安撫她，卻毫無效果。於是他們一一檢查每一台購物推車。最後終於找到了鑰匙。但根據克莉絲的說法，她當時止不住的嚎啕大哭，其他的顧客才不會覺得她弄丟的是車鑰匙，會以為她弄丟的是小孩。

在我喪夫之前，我想像中的年輕寡婦總具有堅忍的形象：削瘦的臉，身上圍著黑色披巾，站在海邊眺望遠方，因為大海毫不留情的吞噬了她的丈夫。默默悲傷的時期，我懂。打開抽屜因為看到了老公的襪子而開始哭泣，或是在看到畢業紀念冊裡的相片之後蹲下來痛哭，我也懂。不過，對我來說，我們在公眾場合情緒失控，以及我們對於社會成規的不能諒解，似乎不太合乎邏輯。這一定是因為我們需要其他人明白，我們的心有多痛。或是我們希望這個世界知道，我們再也不怕受到傷害了。也許我們就像是老兵在遊行時彼此行禮，互道旁觀路人無法體會的心情：我們知道一些你永遠不知道的事情，絕對不要忘了這點。

●

二〇一二年六月，我必須去特拉維夫領賽克勒獎。離開兩個孩子依然讓我焦慮到不知所措。但我打了電話給非常疼愛兩個孩子的瑞秋姑姑，她是麥可的妹妹，住在亞伯達（Alberta），是個詼諧風趣的人。她願意飛到波士頓來照顧這兩個孩子。至少孩子們會有親人陪伴。但是接下來，第二個難題浮現了。對於腦筋一團混亂的我來說，這個問題幾乎和第一個難題一樣棘手：我沒有衣服可以穿。我的上班穿搭哲學是，進辦公室時穿休閒服，其他場合就穿正式的套裝。我沒什麼機會穿洋裝。而我想穿洋裝去領獎。

我打電話給瑪麗莎。這是我的習慣，每當物質世界的事情使我不知所措時，我就會找她商量。我和她談了所有的事，主要是我對於把孩子留在家的恐懼，但我們也談到了我的苦惱：我不知道要穿什麼衣服去領獎。結果，隔天當我起床下樓時，發現有一個衣物防塵套神奇的出現在我家的玄關衣櫃裡。套子裡塞了好幾件漂亮的洋裝，那是瑪麗莎的衣服。我欣賞一件件的洋裝，就像是在逛服飾店。我一件接一件的試穿，想像自己正過著一種不一樣的人生。我想像著一個不一樣的自己。

我選了海軍藍的短袖洋裝，衣服的正面還縫了三顆珍珠。有瑞秋負責幫我帶孩子，有瑪麗莎負責幫我解決服裝的難題，我覺得自己讓人解救了兩次。我飛到以色列，短暫的沉浸在炎熱的天氣和人們的關注裡。頒獎儀式並沒有大費周章。我和大衛・夏邦諾一同獲得了那個獎項。時間終究會還給人公道。我們都在典禮上做了簡報，我收到一張得獎證書，將來可以掛在辦公室裡。這件事就這樣結束了。然而，穿上瑪麗莎的洋裝使我明白了一件事(即使只有一個晚上)，我發現外人眼中的我，其實還滿漂亮的。

我回到家時心情非常興奮，但也非常疲憊。我在旅途中感染了病菌，一回到家就開始身體不舒服。兩個孩子變得比我離家前更黏我。家裡需要打掃；花園需要整理。我再度回歸我的登山健行鞋。我下次再穿高跟鞋，不知道是什麼時候的事。

瑪麗莎說，我可以把那件藍色洋裝留下來。在接下來的幾個月，當我打開衣櫃時，在對的光線和對的心情下，那件洋裝看起來就像是一件斗篷。

第十四章

火花

父親節那天是藍天白雲的好天氣。現在回想起來，寡婦姊妹淘聚會的日子，通常是天氣晴朗的好日子。電影情節總是把寡婦和雨天搭配在一起。但在現實中，我記憶裡的聚會總是以藍天為背景。

我們的孩子全都變成朋友了。他們之所以聚在一起，不是因為他們的父親過世，而是因為在一起很好玩。所有的童書都是從孩子的觀點書寫，這不是沒有道理的。孩子們一點也不在乎大人的憂慮。我們以為孩子很無助，但事實上，他們擁有很強的韌性，也比大人更不受外力的影響。我們的孩子雖然承受了不少痛苦，但他們依舊能夠享受純粹的快樂。

麥可死後，麥克斯經歷了一年的復原期。我不確定他的行為是出於對周遭世界的單純觀察，還是想告訴我一些什麼，也許兩者皆是。這個行為通常發生在我開車送他去上學的時候。他會一口氣說出：「所有的家庭都有一個媽媽、一個爸爸、一個男孩、一個女孩、一隻貓、一隻狗。」他每天都會說一遍，就像我每天告訴自己：我總有一天會快樂起來的。我告訴麥克斯，我們家和別人家不同，但仍然是個很棒的家庭，而且我們在一起過得很快樂。有一天，他突然不再說這句話，並且從此再也沒有說過。

我們在父親節那天準備了豐盛的午餐，另外還準備了令人眼睛為之一亮的各式甜點。亞力克斯興奮的說：「這些寡婦真的很愛甜點！」每當我聽見孩子們不用「這些媽媽」等稱呼叫我們，改管我們叫「這些寡婦」，總是會笑翻。甜點之一是一大盤藏了幸運籤的杯子蛋糕。我不記得是誰抽到了這張特別的籤，並大聲的念出來（我覺得把它大聲念出來是對的）：把每天當作你的最後一天來過，因為總有一天是你的最後一天。

這句話在空氣中迴盪。天哪，以杯子蛋糕的籤詩來說，這似乎沉重了些。不過接下來，我們開始相視微笑。然後有人開始笑出來，另一個人開始大笑，最後所有的大人都開始捧腹大笑，孩子們也跟著狂笑。我們這群人的集體幽默感一開始只是接近恐怖邊緣，現在則變得真的很黑暗。我們像驗屍官、像刑事警探一樣拿死亡來開玩笑。我們最輕鬆的時候，是我們直視死亡的時刻。

孩子們吃完午餐後立刻跑掉了，大人們全都舒服的把身體向後靠在椅背上晒太陽。大人世界的煩憂再度浮現，就像血會從被揭開的結痂處流出來一樣。每次我們聚在一起，我們失去的東西好像變得更令人傷悲、而不是更令人釋懷。我們在不同的時間點失去了丈夫，但現在的我們全都沉浸在沒有盡頭的哀傷中。奇怪的是，丈夫的死不再是我們生命中最悲傷的部分。（以我的情況來說，最令我難過的，是麥可死後產生的餘震和餘波，包括東正教婚禮、河水在春天因為冰雪融化而上漲、車頂綁著獨木舟的車子。）丈夫的死去並不是最令我們難受的事，因為時間會把最巨大的衝擊沖淡，而且我們愈來愈能夠預測衝擊何時會發生。事實上，最大的威脅來自持續存在的無數點點滴滴。

一位丈夫因癌症過世的姊妹終於振作起來，想要整理丈夫的遺物。我們一致認為，遺物是很難處理的東西。遺物的數量多到數不清，門口的鞋子、洗手台上的牙刷，或是後院裡預先挖好的洞，都可能刺痛我們的心。有些人把所有的遺物保留下來。有些人把遺物全部丟掉。我介於兩者之間。我把大部分的東西都丟了，但有少數遺物是我無法丟棄的。出於邏輯和情感因素，麥可的獨木舟是我最丟不下手的東西。他生前已經送出一艘給朋友，我也把殘骸碎片都丟了。但麥可把幾艘獨木舟改裝成了四人座，成為全家人的獨木舟。我連看它們的勇氣都沒有，更別提要與它們分離了。

這位打算要處理遺物的姊妹坐在丈夫的書桌前，開始整理一堆又一堆的文件，試著回答我們需要一再問自己的問題：什麼是重要的東西？什麼是不再重要的東西？在一堆報稅資料和保險理賠的文件中，她發現了四張飛往巴黎的機票。她花了一點時間才明白這是什麼東西。

她的丈夫在開始做化療的前一天，買了這四張機票，因為他對抗癌相當樂觀。這是他一個人偷偷下的賭注，完全沒有向任何人透露。結果，這班飛機在他過世的隔天起飛，飛機上有四個未登機的空位。那四張沒有使用的機票代表了他所有的希望（而那些希望後來卻落空了），也代表了沒有機會實現的人生冒險。

這是我們這些寡婦覺得自己最脆弱的時刻：我們每個人都想要展望未來，但有很多事情讓我們相信，我們人生中最好的部分已經結束了。

孩子們仍然在玩，我們可以聽見他們從遠處傳來的笑聲。他們距離我們夠遠，所以沒有看見巴黎已經被水災淹沒。

•

許多人喪夫之後會搬出原本和配偶一起居住的房子，因為那個房子裡有太多的印記，走廊裡有太多的回音。我想過這件事，但最後決定留下來。我喜歡我們這間漂亮的黃色房子，而且孩子們經歷過的變化已經夠多了。我希望他們擁有我小時候只能夢想的東西：一個遮風蔽雨的屋頂。寡婦姊妹淘的其他人支持我的決定，但她們告訴我，我不能再將房子視為麥可和我的房子了。我不能再認為它是**我們的**，否則我永遠也無法擺脫悲傷，這種想法就像是邀請情緒吸血鬼從正門進來。我必須在心理上做出清楚的切割。我必須把房子視為**我的**。在我把麥可的東西丟掉那天，我意外的開啟了過渡的過程。我把潔西卡的房間漆成薰衣草色，也是這個過程的一部分。只是我家太大了，還有很多過程有待完成。

我必須要有自己的臥房。我決定要繼續待在孩子臥房對面的彩虹房。我希望聽見他們起床的動靜，而且我也不想回到麥可和我住過的臥房。我很擔心自己在那個房間裡會做可怕的夢。

麥可持續出現在我的夢中。在夢境中，他每次都是在離家很久之後回來，或許是因為出遠門，或許是因為陷入昏迷。他一開始總是出現在家門口，站在屋外向屋內望進來。他的出現總是讓我嚇一大跳，於是我會慌亂的整理思緒，想找一些話來說，但我還沒有機會說太多話，他就消失了。有時候夢境過於逼真，當我醒來之後，我必須像是在文件櫃裡搜尋檔案一樣，從腦海搜尋記憶來提醒自己，我確實親眼看著麥可死去。

我請了室內設計師，把做決定的難題交給他。設計師的名字是鮑伯。麥可不在之後，我的品味變得愈來愈女性化，而鮑伯似乎知道我需要什麼。他站在我的臥室裡，宣告他要把牆壁漆成深粉紅色。我有一個松木家具想要保留，鮑伯會找一張四柱床來搭配，還會找來一張雙人沙發，配上有皺褶裙擺的乳白色椅套。此外，他已經知道要用哪種造型優雅的桌燈，來完成整體的設計風格。它會是專屬於我的空間，會是為公主而打造的寢殿。我微笑向他點點頭：*就這麼辦吧*。

不久之後，油漆工帶著罩布和滾筒來到我家。我帶他們到我的房間，那個房間現在已經清空，只剩下麥克斯指定的黃色牆壁和麥可畫的彩虹。我站在那裡看著他們撬開油漆罐的蓋子，把濃稠的油漆倒入調漆盤。他們用俐落的動作為牆壁上漆。麥可花了好幾個小時才畫好的彩虹，在幾秒鐘之內就消失無蹤。

止不住的眼淚不斷滑落。理性上，我知道寡婦姐妹淘是對的。我需要向前邁進。我不能讓自己的餘生都沉浸在悲傷裡。我必須自己踢水回到岸邊。但是當你失去某個人時，你並不是一次就失去他，他的死去並不是在他死亡的那一刻就結束。你會以一千種方式失去他一千次。你需要向他說一千次再見。你需要舉行一千次喪禮。

•

寡婦姊妹淘告訴我，直到我開始約會的時候，我才會停止在心中舉行喪禮。麥可一週年忌日快要到的時候，瑪麗莎到我家來。她把我帶到廚房，確定孩子們不在附近之後，她告訴我，我必須對男人重新開始產生興趣，就算是假裝的也好。直到我開始約會，直到我看著一個男人，產生想要吻他的衝動，我的哀慟階段才算是結束。在那之前，我會一直向後望，細數我失去了哪些東西。現在的我需要向前看，看看外面的世界存在著什麼。

我知道外面的世界存在著什麼。多不勝數的行星，圍繞著不計其數的恆星運行。

瑪麗莎搖搖頭。她說，其他的男人，世界上還有許許多多的男人。她以輕到不能再輕的聲音對我說：「雖然你已經不會再懷孕了，但你還是有可能得性病。你需要做好安全措施。」

我聽了差點昏倒。我不知道瑪麗莎以為我幾歲，但我只有四十歲。「瑪麗莎，我還是可以懷孕的！」接下來，我就說不出其他的話了。我不是小孩子，我不需要別人告訴我，不安全的性行為有多麼危險。而且我根本連想都不需要想。我要怎麼找到約會的對象？有誰會想要和一個會在公眾場合發飆，在圖書館和大賣場淚崩的寡婦約會？一想到要去了解別的男人，並且讓他了解我，我就倒足了胃口。我連我自己和我的孩子都照顧不好了。她還不如直接叫我去找一頭獨角獸或是外星人。

「不是要你找到完美的對象。」瑪麗莎說，「不是要你找老公。你只是要找個男人，讓他帶你出去吃飯，然後和你上床。」

我告訴她，當油漆工把麥可畫的彩虹抹去時，我當時哭得有多慘。這樣的我要如何應付其他男人的雙唇？

「所以你才需要開始和別人約會。」她說。我必須重新拿回內心的主導權，就像我重新拿回房子的主導權一樣。

「不用想太多。」瑪麗莎說，「第一個男人永遠不會成的。」

我心裡暗想：你說對了。第一個男人死了。

狀況好的時候，我看到的不是我失去的東西，而是我擁有的東西。麥克斯和亞力克斯是我積極樂觀的主要源頭。我一直把他們放在身邊，防止自己陷入下一波的悲痛情緒，就像是利用護身符來趕走邪靈一樣。出差依然讓我焦慮不已，但我不能不出差。我必須去參加各種研討會和會議。星星不會自己送上門來，火箭也不是在麻州發射。如果只有一個晚上，我還可以請潔西卡或戴安娜來幫忙照顧小孩，如果是兩天以上，我就不可能請別人幫忙了。因此，唯一的解決方法，依然是帶著麥克斯和亞力克斯和我一起出差。

二〇一二年七月，我要到歐洲參加兩個會議，擔任演講嘉賓。我決定把這兩次開會變成一趟為期三週的歐洲壯遊。兩個孩子和我帶著固定班底（包括我那群活潑的學生與博士後研究員）的其中幾人同行，這次參加的有：潔西卡、瑪莉・克納普和萊斯莉・羅傑斯（Leslie Rogers），萊斯莉會是我的研究所學生，她研究的是迷你海王星的構成元素。有時候，我懷疑自己是不是刻意製造藉口，讓自己有機會和這麼多人一起旅行。麥可過世之前，我一個朋友也沒有，他死之後，我拚命聚集朋友，就像黑洞把所有接近它的天體吞噬一樣。也許這是我在潛意識中，從童年時期保留下來的習慣，我父親曾雇用不計其數的保母照顧我們，當我們住在媽媽家時，我們三兄妹都睡在同一個房間裡。又或許這是失去至親之後的自然後續效應。不論原因是什麼，我喜歡有朋友陪在我身邊。我的學生經常在會議上發表論文，我希望他們能從中得到成長。不過，我參加會議主要是為了我自己。我需要讓全世界的人開始覺得，人類其實相當渺小，而宇宙其實並不是那麼空曠。

我們的第一站是倫敦。潔西卡因為不知道「萊斯特廣場」（Leicester Square）的正確發音使我們嚴重迷路，耗掉了一整個下午，最後我們全都累癱在借住的同事家裡。接下來我們到巴黎玩幾天。我們到羅浮宮參觀，我進去欣賞羅丹（Rodin）的「沉思者」（*The Thinker*），兩個孩子寧可待在外面跟鴿子玩。然後我們前往德國的海德堡去參加會議。我們七個人需要搭四段不同的火車前往目的地，這個過程感覺比火箭發射更加複雜。

在瑞士，博士後研究員布萊斯善盡地主之誼，帶我們到阿爾卑斯山上的弗朗索瓦·澤維爾巴努天文台（Francois-Xavier Bagnoud Observatory），附近是以風車聞名的聖盧克（Saint-Luc）。天文台有閃閃發亮的銀色圓頂，座落在一座高山的山肩，放眼望去，景色非常壯麗：分布在一列列山峰間的河流形成鋸齒狀，像是鯊魚的牙齒。當你處在這麼高的地方，就能欣賞到美得令人屏息的風景。

有個名叫「行星小徑」（Planet Path）的景點就在下方不遠處。它是太陽系的縮小版模型（因為年代較久，冥王星還名列其中），各個行星以曲折迂迴的泥土小徑串起。路徑的一公尺相當於太空的一百萬公里。即使縮小成這個比例，從太陽到冥王星的距離還有六公里之遠。在這個縮小比例的範圍裡跳躍與行走，能讓你體會到宇宙空間的真實距離感。行星小徑只涵蓋了我們的太陽系，但我們仍然需要一定程度的腿力才走得完。

布萊斯曾在這個小型天文台工作過，每天晚上睡在這個充滿希望的小小空間裡。在過去的年代裡，天文學家就像燈塔看守員一樣。他們獨自上山觀星，一待就是好幾個月。現在，大多數的小型望遠鏡都有自動控制裝置，幫我們找到某些星星。不過布萊斯還是登上山頂抬頭仰望，看著星星一閃一閃，彷彿船隻上的燈光。

然後布萊斯發現一個重要的東西。他利用凌日法，觀測到了行星 GJ 436 b 的凌日現象。他所發現的信號後來獲得以色列的一個大型望遠鏡證實，但布萊斯是第一個看到信號特別之處的人。GJ 436 b 的大小和海王星差不多，在當時，它是人類所發現最小的系外行星。它的軌道與母恆星的距離，近到幾乎不可能成立。（比水星與太陽的距離近十四倍，它的軌道週期不到三天。）它的軌道是一種垂直的極軌道（polar orbit）。我們現在知道，有一些行星是以垂直的、而非水平的軌道繞行恆星，GJ 436 b 算是為人類揭開了認識這種行星的序幕。GJ 436 b 也有類似彗星的尾巴，它的外氣層看起來就像正在不斷洩漏氣體一樣。GJ 436 b 和地球的唯一共通點，就是它是個繞著恆星運行的行星，在其他方面，它和地球一點也不相似。

我們一行人當下就在事發地點，讓我的內心十分激昂。我的博士後研究員兼好友在這裡發現了一顆和地球截然不同、特別到幾乎難以說明的行星。羅馬人相信天上有個神叫朱比特；埃及人相信，他們的君王死去時，他的靈魂會變成星星。布萊斯曾經利用由玻璃和鏡子組成的奇妙工具，看見了沒有人想像過的東西。他的新發現給我們的啟示，就和所有新發現的啟示相同。布萊斯在這座山上發現 GJ 436 b，而我現在就站在同一個地方，我對自己許下諾言，永遠不要忘了這個啟示。他只需要堅定不移、安靜的張開眼睛就好。他待在這個地方，卻看見了另一個地方。透過他這個窗口，一個嶄新的世界出現了。

●

在我們第一次到蓋兒家聚會不久之後，當時仔細記下的亡夫死亡日就透過電郵寄給了所有的姊妹。我們決定要在每個死亡日聚在一起。那些紀念日代表了我們的小小勝利，也注記了時光的流逝。對我們來說，在那幾天避免獨處也非常重要。那些日子可能會開啟時空迴廊，讓我們想起過去的痛苦和失去的事物。那些日子可能把我們拉回過去，也可能幫助我們邁向未來。我們用鉛筆在自己的行事曆上增加了七個聚會日期。

七月二十三日，我們聚在一起紀念麥可的離開。我不敢相信事情已經過去一年了。

我不敢相信事情才過去剛剛一年。

那是個宜人的夏日夜晚。瑪麗莎把我們帶到屋外，讓所有的孩子擠在我家後院小陽台的階梯上，然後開始發表演說。她是對著麥克斯、亞力克斯和我說的，但她同時也對著所有人說。她說：「你們都知道我們為何來到這裡。」孩子們知道她接下來要說什麼，他們煩躁的動來動去，假裝是因為天氣太熱而不耐煩。「我們要幫助麥克斯和亞力克斯紀念爸爸不在的頭一年。雖然你們的父親全都不在了，我們希望、我們也知道，父親仍然會成為你們一生的指路明燈。」

天色愈來愈暗，我們全都開始吸鼻涕。但瑪麗莎的話還沒結束。

「所以我們要玩仙女棒！」她說。

她為每個孩子準備了四十支仙女棒，總數非常驚人。（她請另一位姊妹趁著去緬因州度假時，順便一些帶回來。她所謂的「一些」其實是「好幾百支」。）孩子們立刻又變成了小孩子。他們在車道跑上跑下，一次點兩支仙女棒。他們手裡有成把的光亮，當自己的仙女棒快要燒完時，就利用別人的火花點燃新的仙女棒。空氣中瀰漫著濃濃的硫磺味，車道上方產生了一堆煙，並開始飄向馬路。有人開始擔心，消防隊可能會出現。也有人希望他們出現；幾個身材壯碩結實的消防隊員霸氣登場，或許是這個夜晚收場的好方法。

復原之路總是如此，上上下下，前前後後，從來就不是直線前進。所有人都會遇到挫折，碰上使我們覺得所有進展在一夕之間全部消失的低落時刻。那些時刻現在依然可能冷不防的出現。有一天，我傳訊息給一位姊妹，告訴她，我很期待做出改變。「等到雨天的時候你就知道了，」她回覆我，「你會再度覺得心情跌到谷底。」有時候，低落感會在顯而易見的時刻出現。有一次，克莉絲的約會對象和她的亡夫長得很像，使得她必須又咳嗽、又打噴嚏的躲在菜單後面，來遮住淚水盈眶的雙眼。她依舊是在我之後唯一加入我們的寡婦。我試著把其他姊妹給我的忠告轉送給她。我告訴她，現在約會還太早；等到她開始發現有些男人長得很帥時，那時才是她準備好的時候。她聽了之後顯得有點生氣。她說：「我已經準備好了，莎拉。」但我知道，想要有某種感受和真正有某種感受是不同的。有好多次，我早上起床時深信自己已經戰勝悲傷了，但我的心中仍然有個黑點，只要有任何一點的輕微碰撞或不小心，它就會變成一個向外擴的可怕黑色汙漬。

我需要幫孩子們找新的學校。他們上的蒙特梭利學校招生率不斷下滑，負債不斷增加，很顯然，它快要撐不下去了。我遵照麥可寫在「地球生存指南」的指示，到他建議的學校報名入學面試。我很不喜歡這種情況不明的狀況，父母應該要知道孩子上哪一所學校，明明這是世上有少數幾件應該要很確定的事，但此時卻無法確定。我迫切需要解決這件事。

所幸，兩個孩子喜歡新學校的環境，學校也準備好敞開雙臂歡迎他們加入。我們的過渡階段終究是可以掌握與處理的。我已經解決了我們人生中的一個重要問題，而且主要是靠我自己的力量解決的。解決問題讓我的身體起了變化，我的站姿變得更挺直了，眼睛變得更明亮了。我帶兩個孩子回到原來的學校，把那天的課上完。那天下午晴朗而溫暖，整個世界在我的眼中顯得綠意昂然。

我平常不愛開車，但是在我把兩個孩子送回學校之後，我感到無比的放鬆。我搖下車窗，把收音機的音樂開得很大聲。馬路上沒有其他的車輛。我的頭髮隨風飛揚，我感覺自己正在露出一抹真正的微笑。我不知道要怎麼解釋那種感覺，但我的微笑感覺幾乎像是臉上的裂縫，像是萎縮的肌肉重新開始生長，彷彿長期乾旱之後響起的雷聲、可怕的風暴結束後的第一個平靜早晨。

我用力踩下油門。通往康科德的路在跨越河流之前有一段會變得特別寬闊，我把它想像成飛機跑道，我正準備要起飛。我覺得輕飄飄的。

就在這個時候，我看見了警車的閃燈。

我低頭確認時速表，我的車速是一百一十公里。

這裡的最高速限是六十公里。

我把車停在路邊，將車子熄火，從照後鏡看了自己一眼。所有的快樂從我的體內流失。我的微笑消失。我的肌肉再度萎縮。

警察走到我的車子旁邊，向打開的車窗靠過來。我當下決定，不要壓抑即將湧出的淚水。流淚現在對我沒有壞處。寡婦姊妹淘稱之為「打寡婦牌」。它是可以接受的策略。

「我先生死了。」我邊哭邊說。

他拿了我的駕照，走回警車。我坐在車上等待，我心中那個黑點綻放成了一朵邪惡得有點古怪的花朵。

那位警察走回我的車子旁邊，手上拿了一張紙。他把那張紙連同我的駕照遞給我。「今天不開你罰單。」他說。他只給了我一張書面警告。「以後請小心開車。祝你一切順利。」

這時，我是為了另一項理由而掉淚。

另一個晚上，我打電話給瑪麗莎，但我幾乎說不出話來。我嚎啕大哭，連她兒子都聽到了我的哭聲。我聽見他在旁邊說：「又有人死掉了嗎？」

瑪麗莎放下一切，立刻趕到我家。她送給我另一個禮物，這個禮物的意義不亞於那件漂亮的洋裝。這次她帶來的是一本貝殼的繪本。她注意到我有收藏貝殼，那是我父親和祖父留給我的禮物。瑪麗莎用這種方式讓我明白，這個世界依然很美麗，只要我們記得去欣賞。她還給了我一塊大石頭。那塊石塊經過河水的沖刷，銳角幾乎都被磨圓了。她要我把這塊石頭放進包包裡，我照做了。每當我要從包包裡拿東西時，我就會摸到它，並想起一個道理：時間可以把所有事物的銳角都磨平。

第十五章

水裡的石頭

麥可在「地球生存指南」的最後一行下達了明確的指示：把我的骨灰撒在佩塔瓦瓦河（Petawawa River）。麥可逝世紀念日過後幾個星期，也就是我們在車道上玩過仙女棒之後，我終於準備好要完成清單上的最後一項任務。麥可童年時期住在渥太華，佩塔瓦瓦河的河口離他家很近，河的上游支流深入分布在阿岡昆省立公園（Algonquin Provincial Park），春天時河水湍急洶湧。一九九五年夏天，麥可和我剛開始交往，我們在那裡度過了一個星期。我還記得我當時看到一隻狐狸飛奔穿越樹林。當我開始規劃重回那裡的行程時，我知道我已經準備好要跟麥可道別了。

阿岡昆無線電波天文台（Algonquin Radio Observatory）矗立在佩塔瓦瓦河附近，周遭是全然的祕境。麥可和我在佩塔瓦瓦河泛舟時，因為與激流奮戰而全身濕透，我們曾經到過那個天文台，並發現他們有正舉辦兒童太空營。天文台在那之後就關閉了。我後來得知，有個年輕家族向政府租用那個天文台，並打算加以修繕。當他們去到天文台時，發現前門是敞開的，雪花直接飄進建築物裡面。現在，他們提供望遠鏡租借服務，訪客也可以在那裡過夜。我把他們大部分的空房訂了下來。按照我新養成的習慣，我帶著一票人同行：麥克斯、亞力克斯和我；麥可的母親；陪伴麥可到加拉巴哥群島做人生最後一次旅行的好朋友彼特；博士後研究員弗拉達（他後來變成我非常信任的朋友）。

在我們出發之前，我到禮儀公司去找戴維。我告訴他，我已經準備好了。他點點頭，然後去取麥可的骨灰。戴維返回時，手裡拿了一個完美的骨灰盒。盒子的木片完美榫接，幾乎看不見接縫。那正是我想要、卻描述不出來的盒子，我對戴維的感激難以言喻。戴維把麥可的骨灰分裝在兩個塑膠袋裡。小包的骨灰由麥可的母親和弟弟撒在佩塔瓦瓦河口附近，大包的骨灰則由我帶到森林裡。

在我離開之前，戴維告訴我一個故事。他說，人類的骨灰其實顆粒相當粗大，有些沒有研磨成細粉的顆粒會帶著銳利的邊角。因此，在撒骨灰時，要留意撒的方式和時間點。他說，有一位女性把丈夫的骨灰撒在自家院子裡，結果風把一部分骨灰吹過圍牆，飛進了一位年長鄰居的眼睛。當他講到年長鄰居的眼睛遭到死者骨灰襲擊時，還笑了出來。「要注意風向。」戴維笑瞇瞇的說。我不知道故事是真是假，但它達到目的了。我可不希望麥可最終的落腳處是在我或任何人的體內。我一定會注意風向。

我們向北方出發，要開十個小時的車。我的狀態不太好，散發出強烈的焦慮感，兩個孩子也被我感染了。他們上車後就開始抱怨，抱怨路程、告彼此的狀。我們在中途停車休息吃東西，弗拉達搖身一變，從學生變成了我的老師。他說：「莎拉，你必須放鬆自己，孩子們已經被你影響了，你別再緊張了。」我用幾分鐘的時間讓自己的心平靜下來，至少讓自己投射出這樣的形象，結果效果很好。兩個孩子接下來就表現得相當平靜穩定。

麥可的母親與彼特和我們約在天文台會合。我們是那個週末唯一的遊客，顯得地方非常安靜。當晚我睡得不太安穩。隔天早上，我把麥可的骨灰放進後背包，彼特和我出發前往河邊。我沒有帶兩個孩子同行。我不確定我最後放麥可走的時候，會有什麼反應，我不希望讓他們看見我的悲傷。我把他們留下來，請弗拉達照顧他們。彼特和我出發時，陽光普照，巨大的白雲在地面投射出巨大的移動陰影。天氣完美無比，我們依舊與電影情節必備的雨天絕緣。

不過，有個地方不如預期。當我們抵達河邊時，發現河流的水位比往年更低。有一邊的水位低到不行，彼特和我甚至可以走在河床上。小島也變成了半島。原本應該淹在河水下的花崗岩露了出來，我們的腳下所踩的石頭，是麥可和我在多年前努力避免讓我們的船底撞上的東西。

我們最後來到了原本有瀑布的地方。不難想像，當水位再度升起時，我們所站立的地方會淹滿激流與泡沫。彼特和我一致同意，這裡是最合適的地方。我們彼此對望了一眼，然後我從背包裡拿出那個塑膠袋。我幾乎不敢相信，麥可就在我的手裡。在這一刻，我實在不能理解：他的精神、力量和活力，就這樣化為烏有。我檢查了一下風向，然後和彼特輪流把麥可的骨灰撒進河裡。最後只剩下一把骨灰：這是我觸摸他的最後機會。白雲飄過我們的頭頂。樹木沙沙作響。河流找到了方向。我放手了。我撒下最後一點骨灰，讓麥可隨河流遠去。

彼特在隔天早上離開。弗拉達、兩個孩子和我出去健行。我不是刻意要回到我撒骨灰的地點，但我們還是走到了那裡，彷彿這條河昨天帶我過來，現在再度帶我們重返。我們一起坐在岩石上。弗拉達看見我的眼眶泛淚，立刻猜到了我接下來要說什麼。「麥克斯、亞力克斯，你們猜猜看這是什麼地方？」

兩個孩子都知道答案。

我們沐浴在陽光裡，靜靜的想著自己的心事。我不知道孩子們在想什麼。我不曉得河流的水位以後還會不會這麼低；我不曉得以後有沒有人能夠再站到這個地方，或者這個地方從此永遠被河水淹沒。我不曉得麥可會不會成為激流的一部分；我們曾經在這裡一起泛舟，他會不會永遠待在這裡。這裡的岩石被沖刷得相當圓滑，就像我包包裡的那塊石頭。當我把它握在手裡，我知道它曾經在水裡待過很長一段時間。

●

瑪麗莎又開始催促我去和人約會。我試著把事情攤開來讓孩子們知道，但不談到煩人的細節。麥克斯的反應有點激烈，即使我們只是在理論的層面。「不要結婚！」他大聲說。「我們不能離開寡婦俱樂部！」他已經愛上了我們這個小團體。

我不知道瑪麗莎的看法是不是正確的。潔西卡的那間薰衣草房，現在住進了她的姊姊薇若妮卡（房間則為她漆成了淺藍色），所以我每個星期有幾個晚上是自由的。我決定對這個宇宙給我的一切保持開放態度。有一天下午，麥克斯的朋友來我們家玩，朋友的父親也一起過來，負責當司機。他離了婚，長得還滿可愛的；也許我該開始練習與人調情。我請他幫我修理木桌，那張桌子的抽屜卡住了，打不開，我稍微扮演了一個需要小小拯救的女子。當他正在與桌子搏鬥時，我和他順便聊了一下天。我試著回想要怎麼與人閒聊。我問他一些問題，然後假裝很想知道答案。他最後終於把抽屜打開了，他幫的這個忙確實挺有用的。不久之後，我請他來家裡吃飯。儘管我已經有比較多機會下廚，但我在廚房依然是手忙腳亂。雖然我的廚藝沒有把他嚇跑，但我們決定下次去外面吃飯。我們到瓦爾登湖畔欣賞湖面風光。從我遇見麥可以來，這是我第一次親吻另一個男人。

感覺不太對。

當我吻他的時候，心中的想法是：和自己的兄弟接吻應該就是這種感覺。他是個很好的人，也是個很棒的爸爸，他的微笑非常迷人。對我來說，他的善良和溫柔開啟了很好的先例，幫助我重回與異性交往的世界。我們後來因為到夏令營接孩子而巧遇。我們向彼此微笑，那是發自內心的微笑。我們就是不來電，這是無可奈何的事。我決定下次如果要約會，對方一定要是令我心動的人。

寡婦姊妹淘決定請專業攝影師來為我們拍照。瑪麗莎是主揪。她要大家帶一些漂亮的衣服來，也要化美美的妝。我們當中最有時尚感的克莉絲，借給我一雙很美的鞋子。瑪麗莎請她的好朋友兼知名攝影師吉姬來為我們操刀。吉姬曾經擔任雀兒喜・柯林頓（Chelsea Clinton）的婚禮攝影師。我們拍了幾張團體照，我們所有人都坐在沙發上，克莉絲講黃色笑話逗我們大笑。那是一種低俗的樂趣。我們也拍了幾張大頭照，是為了放上交友網站用的。吉姬果然名不虛傳。我後來得到了很多第一次約會的機會。

第二次約會不太多。第三次約會和彗星一樣罕見。我告訴兩個孩子，我的約會進行得不太順利。「為什麼？」他們問道。有時候，問題出在我身上。我太笨拙、或是太聰明、或是太悲傷、或是太唐突、或是其他的。有時候，問題不在我身上。麥克斯和亞力克斯曾經我問另一次失敗的約會經驗，我對他們說：「嗯，他不太聰明，而且身材有點走樣。」

兩個孩子試著幫忙，提供一些建議。「攀岩場那個男的怎麼樣？」亞力克斯問道。

「他只有二十五歲。」

「你之前約會的那個人呢？」

「夏令營的那個爸爸？」

「不是，另一個人。」然後他停頓了一下，「哦，我想起來了。他又肥又笨。」

●

那年秋天，我家的屋頂需要翻新。我能理解屋頂存在的目的：防止天上掉下來的東西砸進我們的房間裡。但我不明白屋頂怎麼運作：屋頂如何滿足所有的要求，來達成它的目的。我從來沒想過這件事。我的前任屋主也是單親媽媽，她似乎也不曾想過這個問題。過去三十年來，不論這個屋子經歷了幾任屋主或是幾場暴風雨，它的屋頂一直盡忠職守，而屋簷下的每一個人都視若無睹。但很顯然，屋瓦不會永遠不壞。

麥可沒有在「地球生存指南」提到屋頂的修繕，於是我打電話給瑪麗莎。而她一如往常，像天使一樣立刻出現在我家。

她打電話給一堆屋頂修繕業者，把名單縮小到少數幾個，接下來用電郵繼續審問對方。最後，她寄給我一份詳盡的書面報告。（她比其他人更了解我的大腦如何運作。）我們最後一起選定某個修繕業者。瑪麗莎帶我逛逛我家附近，看看別人家的屋頂，希望從中得到靈感。我發現，不論是在造型、顏色、樣式和材料等方面，屋頂的種類多到令我驚訝。瑪麗莎和我最後決定採用一種很美的小型屋瓦，排列成復古的樣式，但不會裝飾過度。然後瑪麗莎打電話通知業者。

修繕工頭來我家開始工作那天，當他看到我出現在瑪麗莎身邊時，似乎顯得有點困惑。他沒和我說過話，也不知道我是誰。而他顯然對貌美而且穿了緊身牛仔褲的瑪麗莎很感興趣。他很仔細、很認真的打量她。那是我第一次意識到，我們這個年紀的女人仍然可以擁有性吸引力，我們並不是注定要活在年輕美眉的陰影下，請她們把挑剩的男人送給我們。那個男人的目光令我感到有點噁心，但我同時從中看見了希望。

不過，工頭很快就放棄了希望。就和許多陌生人一樣，他認定瑪麗莎和我是一對，他追到瑪麗莎的機率本來就不高，現在更是機會渺茫。亞力克斯一本他單純的觀察力和率直，告訴我說：「媽，你應該和瑪麗莎湊成一對。」

有兩位姊妹正在和鰥夫交往，而且進行得很順利。在我看來，這個做法很有道理，於是我加入一個專為喪偶人士成立的交友網站。那裡說不定是網路上最悲傷的地方。後來，我遇到了一位很棒的對象：成功、聰明、愛好運動、風趣。我很喜歡他。我們在一起相處得愉快。如果有什麼事出了差錯，他會開玩笑說：「又不是有人死了。」不過，和我約會常常引發他的悲傷情緒。他的情緒會溢出來，將我淹沒。有一次，我在約會結束後哭著回家。兩個孩子問我：「假如和他約會讓你感傷，你為什麼還要繼續跟他約會？」我答不出來。我問瑪麗莎，要怎麼和人分手。她傳了很長的訊息給我，提供了詳細的指示。

於是我一步一步的和那位鰥夫分手了。經過將近一年的嘗試，我開始覺得約會像是一齣不必要的戲碼。我的人生已經夠戲劇性了。我告訴自己，我擁有的愛已經夠多了。我的孩子以及陣容愈來愈堅強的朋友，包括幫手、學生、父親般的長者、寡婦姊妹淘，他們給了我所有我需要的支持。我找麥克斯坐下來談。「你不用再擔心了，」我對他說，「我會永遠留在寡婦俱樂部裡。」

●

麻省理工學院葛林大樓的屋頂上有一個碟形衛星信號接收器。它的樣子很醒目，但在一九八〇年代之後，就很少人使用它了。它曾經是都卜勒氣象雷達，但現在因為太過老舊而乏人問津。除了麻省理工學院無線電波協會（MIT Radio Society）這個有百年歷史的俱樂部，偶爾會用它發射信號到月球，其他的時候，它只是靜靜的杵在那裡。這一點讓我很在意。這個有連結功能的設備可以把衛星變成盟友，但現在它什麼也沒蒐集，只是在那裡積灰生鏽。我想要讓這個不再轉動的碟形接收器再度活過來。我有個構想，在我的阿斯忒里亞原型衛星進入軌道之後，可以用它來向阿斯忒里亞發送指令，並接收來自阿斯忒里亞的資料。接下來，我甚至能夠從我的辦公室指揮整個阿斯忒里亞衛星列陣。

我去見科學院的馬爾克・卡斯特納（Marc Kastner）院長，他是物理學家，我想問他，我們能否找到經費來修復這個接收器。他的辦公室位於校園裡一棟比較古老的建築，那裡的溫暖木質裝潢與麻省理工學院的雜亂實驗室形成強烈對比。我認識馬爾克，但我們不算特別熟，畢竟我們都是比較喜歡工作、不是那麼喜歡與人互動的人。因此，當他問我一個最簡單、卻又最困難的問題：「莎拉，你還好嗎？」就像瑪麗莎和我第一次通電話時所問的一樣，我感到非常驚訝。

我無法判斷他想要知道多少。但馬爾克的臉孔很親切，留著濃密的鬍子，露出真誠的笑容。因此我判定，我可以對他說實話。於是，我把屋頂的碟形接收器的事拋在腦後，開始告訴他，我承受的重擔使我有點招架不住。我很喜歡麻省理工學院，但秋季學期的負荷很重。我在夏天可以稍微喘一口氣，有一些自我調整的空間。假如有事情不太對勁，我可以利用這段時間讓事情回到正軌。小小的空檔可以用來做補救和修正的工作。

我現在完全沒有犯錯的空間。每天都覺得自己就像是個瘋狂科學實驗的受試者：*二十分鐘內最多能塞進多少事情？在起床與上床睡覺之間，我能夠讓自己不崩潰嗎？*麥可以前做的某些事，我已經駕輕就熟了，但有些事我仍然掌握不好。介於「我自己能做的事」和「我花錢請人做的事」之間的事，我只有能力做一半。即使有人幫忙，每天仍然像是在挑戰登山。等到我幫兩個孩子做好早餐和午餐，送他們去上學，自己準備上班，然後再搭火車進市區時，我已經筋疲力竭了，我真的是疲於奔命。「我必須做個取捨，馬爾克，」我說，「我可能必須捨棄工作。」

我是說真的。那不是我第一次考慮辭職了，我經常在想這件事。這次和我在讀哈佛時的倦怠感不同，當時我在考慮轉行當獸醫。我熱愛我的工作。我覺得自己好像快要達成某個目標，使我們從此扭轉對人類的看法。但麥可的死使我意識到，我以前分配時間的方式錯了。我一直很在意我沒有向他兌現的諾言；每當我想起這件事，就感到非常慚愧。我向自己發誓，絕不對麥克斯和亞力克斯犯下同樣的錯誤。他們需要我，這需求遠高於我在世界歷史上留名的需求。

幾個月前，四位姊妹到我的辦公室來看我，進行我們例行的星期五咖啡聚會，來的人是蓋兒、米卡、瑪麗莎和克莉絲。在所有姊妹當中，只有克莉絲每隔一段時間會大搖大擺的走進我的辦公室。她在市區的某大學修企管課，每個星期三下午有空檔。她決定以後不再當資料分析師，她想要闖闖看，畢業後轉行從事時尚或設計方面的工作。我以她為榮，我總是這麼對她說。她正在嘗試私人採購師（personal shopper）的工作，而我是她最初期的客戶之一，算是給她一點支持和鼓勵。她每次來，都會帶一大堆衣服來讓我試穿。她的能力讓我驚豔，她總是能找到最適合我的衣服，尤其會挑我絕對不會自己買的款式。

在那段時間，我需要有人幫忙我考慮工作的事，於是我向這四位朋友求助。我的心情很低落，就像冬天的陽光一樣疲軟。從我的窗戶望出去，波士頓看起來像個冰封世界，查爾斯河像是結霜的玻璃。我的背後是黑板，上面寫滿了方程式和圖表，每當我試著把想像力轉化成真實的東西，總是會把黑板弄得亂七八糟。寡婦姊妹淘像是招聘委員會一樣，坐在我的對面。一般的訪客通常會看我寫在黑板上的東西，但她們沒有一個人這麼做。寡婦姊妹淘從不偏離主題，她們的眼睛全都直視我的眼睛。

「我想我必須辭職，」我說，「我辦不到，我應付不來。」

我以為她們會反駁我。我以為她們會告誡我，告訴我擁有這份工作是多麼幸運的事。薪水很高，我很成功。我們手裡拿的都是相同的爛牌，莎拉，不要鬧情緒了。

寡婦姊妹淘沒有說任何類似這樣的話。她們異口同聲的說：「我們相信你，莎拉。做你覺得對你自己和兩個孩子有益的事。不論你選擇做什麼，都一定會成功。不論怎麼樣，你都會很好。」

我聽了頓時目瞪口呆。這幾個女人是我所認識最聰明、最強悍、最風趣的人。在我的眼中，她們是康科德的驚奇寡婦（Amazing Widows of Concord），是與無止境的悲傷對抗的超級英雄，努力守護喜悅不被哀慟染指。有一部分的我仍然認為，即使我們認識了這麼久，她們一定還是覺得我是怪人；雖然除了我的孩子之外，她們是我最親的家人，但我依然覺得和她們有距離。直到那一刻我才意識到，她們眼中的我，就和我眼中的她們一樣。

不過，現在坐在我面前的是馬爾克・卡斯特納。他並沒有說，不論我做什麼，一定會成功。他只說，離開麻省理工學院意味我將放棄我此生注定要做的事。他不想著墨於我可能放棄研究工作的話題，而是採取一個更務實的方法。他告訴我，他和他太太一直都在工作，如果家裡沒有請管家來打理，他們根本應付不過來。他說：「你需要一個管家。」

我告訴他，我有幫手：潔西卡、薇若妮卡、戴安娜、克莉絲汀。雖然有她們幫忙，還是有一些事情只有我能做，而且我已經沒有能力付給她們更高的薪水、或是延長她們的工作時間。我的存款已經用光了。馬爾克點點頭。如同所有的問題一樣，我的問題也是統計上的問題。我有幫手，但我需要更多，那代表我需要更多錢。馬爾克把雙手放在大腿上。「你需要多少錢？」

這是另一個我難以回答的問題。有時候，複雜的問題反而很好回答：我們能修好碟形衛星信號接收器嗎？答案不是「能」，就是「不能」。在我的世界裡，簡單的問題是最難回答的問題。你昨晚睡得好嗎？你今天打算吃什麼？

「莎拉？」馬爾克說，「你需要多少錢？」

馬爾克給我的錢，夠我應付我的需求。我不確定他是怎麼籌到這筆錢的，但他幫我找到了雇用更多幫手的錢。從此以後，我家裡幾乎隨時都有人在；我才知道，水幫魚，魚也幫水。除此之外，我每個星期還可以有多一點喘息的時間。馬爾克的慷慨也讓我明白，即使在麻省理工學院，這個專門做不可能實現的夢的工廠，我的夢想仍然是受人看重的。在這個地方，人們試圖治癒癌症，讓機器產生情感，製作人工皮膚噴霧罐，而他們也覺得，尋找外星人的女人值得拯救。

不久之後的十二月，《時代》（*Time*）雜誌提名我為天文學界二十五位最有影響力的人士之一。這次感覺起來和物理學獎有點不同，因為物理學獎只有學術界的人感興趣。尋找其他的生物這件事已經變得愈來愈有正當性。就在一個世紀之前，天文學界的人還不相信我們能夠看見系外行星，而現在，我們已經登上《時代》雜誌的版面了。

我喜歡他們選定的照片。我理所當然穿得一身黑，但我擦了鮮紅色的口紅。攝影師希望背景有「數學奇才」的字樣。我站在辦公室的黑板前，上面寫滿了我的瘋狂代數算式。他們給了我「地球雙胞追尋者」（Earth-Twin Seeker）的封號，挺酷的；至於伊隆・馬斯克（Elon Musk）是「火箭人」（Rocket Man），麥克・布朗（Michael Brown）是「冥王星殺手」（Pluto Slayer）。在我的個人背景簡介裡，最後一句話斬釘截鐵的道出了我的信念：我想要找到其他生物，「把哥白尼式革命重新帶回原點：地球不是宇宙的中心，宇宙裡還有許多有生命居住的行星。」

當我參加當週的星期五咖啡聚會時，姊妹們準備了點了蠟燭的杯子蛋糕，蛋糕上還用糖霜寫了「恭喜！」。直到她們告訴我，我才知道這是為了幫我慶祝而準備的。

我們的話題很快又回到家庭生活。科學世界依然比不過柴米油鹽醬醋茶，包括如何收支平衡、追求年輕小夥子有多危險、老師打電話來關心孩子圖畫作品裡出現的負面意象：墓園裡有許多鬼怪，以及塗得黑鴉鴉的天空。在某種程度上，宇宙對我的重要性已經沒有從前那麼重要了。說起一天當中最重要的事，有可能是我有沒有在洗衣服時將衣物好好分類，或是我有沒有把衣服拿去洗。現在，讓我感到自豪、或是重新想要下定決心的事，可能是我的帳單能夠按時繳納，或是從烤箱拿出來的每一塊雞肉都可以下嚥。

然後我看著那些杯子蛋糕。我不覺得自己很厲害，也不覺得自己變得樂觀，但這是另一個提醒，它告訴我：我的外星生物研究是有價值的。我告訴自己：繼續加油。

第十六章

蔽星板

二〇一二年，我熬過了沒有麥可的一整年。但我在二〇一三年新年那天哭著醒來。我想起兩年前那個沉重的夜晚，麥可和我坐在廚房的餐桌旁，細數我們失去的東西，然後很快就來到令人難受的「明年會更糟」。我連忙用另一個記憶來中止回憶，我想起父親以及他是多麼堅定的擁抱信念的力量。那時，我已經養成了正向思考的習慣。**將來有一天我會快樂起來的**，我低聲說，如此不斷覆誦，一次比一次大聲。**我甚至可以變得比從前更快樂。我可以體會從前不曾感受過的快樂。**

一月四日，孩子們開始上學，樹上還積了不少雪，航太總署的天體物理學部門廣發英雄帖，為兩個新的「科學與技術定義團隊」（Science and Technology Definition Team, STDT）招兵買馬。（航太總署的人很了解太空任務，但他們最厲害的是使用頭字語的功夫。）科學與技術定義團隊從航太總署內外找來專家，由科學家、工程師和學者組成委員會，目的是為了克服具有挑戰性的專案。早在一九九九年，我就在普林斯頓加入了類似的團隊，進行後來無疾而終的類地行星發現者計畫。那個委員會在完成任務後解散（我後來得知，計畫其實因為經費不足而沒有完成）。航太領域總是要求完美，但這個領域是很難做到盡善盡美的。

航太總署成立了兩個團隊，來進行一組「探測級」（Probe-class）的太空任務。根據太空探索的標準，這兩個任務算是小型的案子，目標是以十億美元的預算，製造出可運作的具體硬體設備。（勞師動眾的類地行星發現者貴得多了，所花的錢是這次任務的五到十倍。）十億美元是一大筆錢，但在政府預算中，它算是小咖。一艘新的航空母艦造價約一百三十億美元。即使預算遠低於航空母艦，但優秀的團隊從事有價值的探測級研究，還是可以創造奇蹟。

這兩個團隊要從不同的方向完成相同的目標，也就是看見明亮光源旁的微弱光點。看不見是人類長久以來都無法解決的問題。第一個團隊試圖打造一個太空望遠鏡，內建敏感度達到前所未有程度的精巧日冕儀，利用內在裝置阻擋母恆星的強光；這是我們多年來一直採用的方式。第二個團隊要從外部尋找解決方案，也就是當我投入類地行星發現者時，我魂牽夢縈的巨大遮罩。再次嘗試把科學與工程領域最頂尖人才集結在一起的時候到了。阿斯忒里亞依然是我的摯愛，但是比起我們有可能打造出來的宏偉機器，它只能退到第二位。我塵封已久的夢想，終於要重出江湖了。

我決定要參加遮罩的製作團隊，因為對我來說，它的意義重大。人類的眼睛雖然設計得非常巧妙，卻沒有內建完美的日冕儀。人類的瞳孔會放大，如果我們要看見東西，瞳孔就必須打開；一旦瞳孔完全閉合，我們看見的就是一片黑暗。我們發明有帽緣的帽子，來增強演化賦予我們的能力。我們也會戴太陽眼鏡或是拉上窗簾。既然如此，我們為何不能為太空望遠鏡製作具有同樣功能的東西呢？

我重讀提案計畫書，發現自己愈來愈有自信。我檢視這份自信心。它並非不合理，也不是傲慢，更不是來自「我需要做這件事」的最後掙扎。我的自信是有事實根據的。我試著想像，什麼樣的人能夠在委員會裡發揮作用？我這種人。哪一種頭腦？我的頭腦。我了解黑暗，有時候，你需要黑暗才看得見東西。

不過，當我把計畫書再讀一遍，我的心中倒是開始燃起怒火。把我惹火的是委員會運作方式的瑣碎附注事項，也就是大多數人會跳過去、我卻會耿耿於懷的事情：按照規定，團隊每季需要面對面開會一次。

我盯著電腦螢幕看，滿肚子火。這個計畫預計要進行十八個月。那代表要開六次會，而且大多是在加州開會。到遠地出差六次。我目前工作的差旅需求，已經是我能夠應付的極限。多出差六次，而且每次要外宿好幾個晚上，保證會讓我拚命追求的微妙平衡瓦解。我會變成每件事都做不好。

假如寫這份計畫書的人在那一刻走進我的辦公室，他們將會見證最激動的崩潰。我會譴責他們無情而普遍的假設，以為所有人都用和他們一樣的方式生活與工作。我的孩子少了爸爸，我們也沒有任何親戚住在附近。他們只有我，我只有他們。我一直愛他們，但現在，我也喜歡他們。我喜歡看著麥克斯努力解開數學習題的模樣，或是用樂高積木做出美麗而複雜精細的成品，或是研究奇怪的已知事實，然後一邊歪嘴微笑、一邊思考這件事。我喜歡和他一起打網球，然後一起走路回家，感染他寧靜性情中的溫暖。我喜歡看著亞力克斯在一群大人面前表演，以及他面對陌生人與身處高處的無所畏懼。我喜歡聽他口裡冒出來的偉大概念，然後納悶他是從哪裡以及怎麼知道這些東西的。

我不想有更多時間不在孩子的身邊。我做的妥協已經夠多了。我向這些探測級研究的發起人反應說，他們對申請者的要求（或許並非出於本意）具有歧視性。其中一人（他沒有小孩）回覆我說，差旅要求根本不是問題。委員會當然要碰面，這是委員會的職責。不過，他還是有值得稱讚之處，他表示他看見這個問題了，也看出像我這樣有能力做出貢獻、卻因故不願提出申請的人很有價值。他問我，未來的要求該怎麼訂，才能夠有更大的涵蓋性。

我的回答不太圓滑：不要把科學家和太空人混為一談。想要看見和想要去到太空是兩碼子事，而且，並不是每個人都願意為了一個具體的成果，而做出如此巨大的犧牲。

表達不滿之後，我的氣還是沒消，我還是需要宣洩我的怒氣。在很久以前，我就不再理會心中那個提醒自己要有禮貌的微小聲音了。《哈芬登郵報》（*Huffington Post*）曾經邀請我為他們撰寫女性與科學方面的專欄文章，我一直沒有接受。於是我開始動手打字。我提到我的困境，我所處的境況永遠無可補救；我很怕我這輩子將會經常陷入我最愛的人和我最愛的事之間的拉扯。我的文章在二〇一三年一月十四日發表，標題是：那麼多的系外行星……那麼少的女性科學家。

我一開始先提到，人類對宇宙有了爆炸般的認識，以及我們開始逐漸畫出的天體圖。（先說好消息。）拜克卜勒所賜，我們已經確定，在類似太陽的恆星當中，每六個就有一個擁有和地球一樣大的行星。光是在銀河系，就有一百七十億顆和地球差不多大小的行星，繞著母恆星運行。試想一下這個數字。一百七十億。不過，大多數的行星是由男性發現的。地球上的半數人類幾乎包辦了所有的工作，為何會如此？探索太空是個艱巨的挑戰。假如我們想要達到人類自認能夠達到的成就，就需要盡可能集結最多人的力量。所有的人應該要有相同的機會，貢獻一己之力。

我相信，再過數百至一千年，人類會找到方法，登上離我們最近的類地行星，當他們回顧歷史時，會將我們這代人視為第一個發現類似地球世界的世代。我把怒氣一股腦兒的傾倒出來。但願在那遙遠的未來降臨之前，我們能達成全人類的平等。我覺得自己像是站在街角，用盡全力大聲疾呼：「看待事物的不同方式有太多啦！」

儘管仍然有很多顧慮，我還是提出了加入委員會的申請。我在這個領域有足夠的聲譽和地位，所以我很確定我會收到邀請，至於要不要接受，決定權在我。那時，我必須再次在家庭與工作之間做出選擇：是要滿足我找到另一個地球的渴望，還是滿足在這個地球上淋漓盡致過完一生的企求。

那天晚上我無法入睡，眼睛一直盯著天花板上的洞。我從那個洞瞥見了一個巨大而美麗的遮罩，彷彿有一條隱形的繩子將它懸吊在太空中，與閃閃發光的望遠鏡連線，兩個令人讚嘆的太空飛行器完美的協同運作，把一個又一個恆星的光亮抹去，經過了北斗七星，又經過仙后座。在我們的想像宮殿中，那裡有著無數個尚未讓我們看見的未知星座；在我們的私人博物館中，那裡存放著宇宙中最微弱的光亮。

•

打造遮罩來與望遠鏡協同運作的概念源自天文學家萊曼・史匹哲（Lyman Spitzer）。他的名字大家耳熟能詳，史匹哲太空望遠鏡就是以他命名，因為他是第一個想像出太空望遠鏡的人。當時是一九四二年。後來又過了二十年，史匹哲在一九六二年發表的論文提出一個概念，認為我們可以把太空望遠鏡和他所謂的「擋板」配對。這個概念其實相當簡單。假如我們把一個望遠鏡與一個保護性的遮罩搭配在一起（假如它們兩個能在相距數萬公里的位置協同運行），遮罩位於望遠鏡與某個恆星之間，那麼望遠鏡就能夠捕捉到比較微弱的光線。史匹哲在那篇論文中提出的望遠鏡構想，後來變成了哈伯望遠鏡。我們把望遠鏡做出來了，但擋板還沒做出來。

這個情況其實無可厚非。人類製造望遠鏡已有數百年的歷史，太空望遠鏡也存在了數十年。外部的日冕儀是嶄新的東西，天文學界還沒有找出最合適的形狀，工程界還沒發明出對的材料，製造根本無從談起。另外，讓兩個太空飛行器保持一致是非常困難的事。望遠鏡必須與遮罩完美協同運作，才能發揮作用，而在失重狀態下要取得完美的一致，不能單靠運氣。你要如何把兩個漂浮在太空的物體固定在某個地方？你要怎麼設計這個東西，才能夠讓它們按照你的控制去面向另一個星體，並且再度固定在某個位置？而且能夠一次又一次的轉向又定位？

史匹哲的論文發表之後，事情的發展斷斷續續。它引發了驚天動地的動作與關注，帶來了少許但重要的進展。然後……就停擺了，有時停滯長達好幾年的時間。回顧過往，天文學界好像在拼一百萬片的拼圖。有個人冒出來，把幾片拼圖放在對的位置。然後另一個人出現，看一下全局，再拼個幾片。有待處理的拼圖片太多了。而這次的情況又更複雜一些：一般來說，當你玩拼圖時，你會先找出轉角處的那幾片，試著從四個角落拼起。但遮罩比較像是從中間開始往外拼。我們不知道最後的形狀是圓的、方的還是其他的。我們對邊緣的形狀一無所知。

我記得十年前在進行類地行星發現者計畫的時候，我們才第一次接觸到恆星遮罩的概念。過了不久，我們聽到了查利・諾克石破天驚的簡報。他代表一個由天文學家和工程師組成的小型團隊（主要來自諾斯羅普格羅曼公司），想讓我們知道他們最新的努力成果。先前有篇論文提出一種叫做「巨型掩星可移動衛星」（Big Occulting Steerable Satellite, BOSS）的巨大方形遮罩，有著不透光的中央和透明的邊緣。部分科學家主張，遮蔽不可能完全準確，而且李奧的繞射環依然是個問題。諾克和他的團隊也同意這個看法，他們覺得方形的遮罩設計不太可行。

諾克向我們呈現一個花朵形狀的遮罩。史匹哲從一開始就在思考，遮罩採用花朵造型是不是最適合的形狀。花瓣造型不僅有助於消除圓形或方形導致的光線彎曲，也可能使光繞射並產生更暗的黑暗。如今，史匹哲的洞察獲得了確認。就像我們的日冕儀的形狀像貓眼，新型恆星遮罩的形狀不僅源自數學演算，也可以在大自然裡找到。

花朵。

多年之後，只要閉上眼睛，我依然能想起諾克做簡報時的情景：那個會議室裡的空氣凝結，鴉雀無聲。我們平常開會時總是會聽到各種聲音，例如不以為然的低語或是大聲的爭論；開會內容很無聊時，會有翻閱文件或是用筆電打字的聲音；還有咳嗽聲。但在那個下午，會議室彷彿成為真空狀態，聲音消失無蹤的真空，接下來是毫無異議的一致贊同。**花朵，這還用說嗎？當然是花朵造型，本來就應該是花朵造型。**

但花瓣應該是什麼形狀？又要有幾片花瓣？那是我印象最深刻的部分。我記得我安靜的坐在會議室裡思忖：**這世上的花有太多種了。**

●

二〇〇三年的時候，我在卡內基研究所工作。我那年第一次從事遮罩研究，也第一次感覺到科學家與母親兩種角色之間的拉扯。我參加類地行星發現者計畫的會議時，正懷著麥克斯，或許懷孕後期讓我有點難以集中精神，專注於尋找宇宙裡的其他生物。我的同事向我道賀，但因為做了女人天生會做的事而接受道賀，好像有點奇怪。對我來說，懷孕是再自然不過的事了。

麥克斯一出生，我就收到科羅拉多大學天文學教授韋伯斯特・凱希（Webster Cash）的訊息。（科羅拉多大學在高山上，而地表最接近星星的地方，就是在高山上。）在巨型掩星可移動衛星以及類似的計畫「阻擋天體輻射源本影任務」（Umbral Missions Blocking Radiating Astronomical Sources, UMBRAS）出現又消失之後，凱希成了下一個接棒者。他不想單純的製作阻擋恆星光亮的遮罩。他想做的是針孔照相機，但尺寸非常離譜：這個不透光四方物和足球場一樣大，中央的針孔則有十公尺寬。凱希請我加入他的行列。他之所以邀請我，是因為他需要有人幫他製作仿真地球大氣的模型。我寫程式的能力，以及我當時對生物特徵氣體才剛萌芽的知識，使我成為最佳人選（或許也是唯一的人選）。沒有太多人做和我相同的事。我沒有告訴凱希，那個時候有可能不是我參與這種大型計畫的最佳時機。

幸好麥克斯很好睡，而且麥可已經開始擔起我該分擔的家庭責任。我會趁著麥克斯在白天小睡片刻的時候工作，那時我可以有完整的安靜時間。有一次，我為了趕上凱希規定的截止日而徹夜進行大氣模擬，只在兒子餓醒時才中斷工作。我坐在搖椅上餵奶，搖他入睡，然後再回去寫程式，用演算法模擬第二、第三、第四個地球。我的身體筋疲力竭，但心裡很滿足。我同時在做兩件很偉大的事。

我們完成了一個提案，研究將巨大的針孔照相機送入軌道的可能性。諾斯羅普格羅曼公司的瓊恩．亞倫伯格去找凱希，想了解他們公司能否幫助凱希開發遮罩；瓊恩的公司是打造太空中「大型可展開機件」的專家。瓊恩與凱希的會議得出了一個令人意外的結論。瓊恩說服凱希拋棄針孔照相機的概念，改為設計一個比較小的遮罩；雖然東西回歸原始的版本，但它的形狀是精準計算出來的。凱希就和大多數的數學家一樣，明白遮罩的理想幾何將會是方程式的乘積，不僅簡潔、優雅、還可證明。但他同時擔心，方程式會無法解開。

接下來的幾個月，他致力於解決如何看見探照燈旁邊的螢火蟲這個古老問題。凱希是典型的天文學家，從小就迷上了天上的世界。在八歲時，他的迷戀對象從恐龍變成星星。從此以後他不再向後回顧，而總是向上望。現在的他滿頭白髮，留著白色的鬍子，習慣把筆插在襯衫口袋裡。他的履歷非常嚇人：他參與過哈伯望遠鏡和其他重要的太空任務的設計。恆星遮罩是他的下一場偉大冒險。他起初嘗試了數十種不同的設計，後來又增加到一百種，大多是花的形狀，他撰寫程式，用電腦跑繁複的計算過程，但一無所獲。他始終無法有效遮蔽恆星的光。干擾總是存在，總是有光圈從遮罩邊緣散發出來。

凱希承襲了科學家的狹隘觀點，一直局限在某一種類似百合花的形狀。他設計的花瓣總是從一個小型的中央聚焦點向外發散。二〇〇五年，在他研究快要兩年的時候，他有了新想法：何不試試向日葵的形狀？

他重新開始，設計了一個位於中央的大型圓盤，四周的花瓣不是彼此相連，而是與這個中央圓盤連結。他嘗試了十二和十六片花瓣的設計，花瓣的前段逐漸變寬，尾端逐漸變尖細。花瓣的形狀有幾種版本，但差異不大，最重要的改變是他挑選了另一種花，向日葵造型似乎行得通。他的算式證明，精心設計的向日葵造型可以完全遮蔽恆星的光，讓我們可以捕捉到旁邊的類地行星。他最後提出的版本直徑為五十公尺，以質輕而耐久、適合太空環境的材料製成。大多數人公認，這是史上最實際的遮罩設計。凱希做出了一個精緻而精準的模型。當他把模型拿在手裡時，眼神儼然像個自豪的父親。

凱希發明了一個新詞來描述這個版本的遮罩：蔽星板（Starshade）。他在二〇〇六年向航太總署提出一個方案，建議把蔽星板製造出來，和當時預計在二〇一八年送入太空的詹姆斯・韋伯太空望遠鏡一同發射。兩者在相距五萬公里的軌道運行，利用無線電波保持聯繫。凱希認為，我們或許能夠利用這組機器看見另一個地球。我們或許能夠預測海、雲、水、生命的存在。

航太總署受理了他的提案，然後拒絕。凱希一次又一次的提案，但每次都被拒絕。他想不通遭拒的理由。類地行星發現者被中止了，現在的蔽星板又吃了閉門羹。他後來認為，航太總署太害怕冒險了。他們知道他們有能力做出太空望遠鏡，但他們不確定能不能成功製造出蔽星板。在全美國，諾斯羅普格羅曼、普林斯頓大學與加州「噴射推進實驗室」(Jet Propulsion Laboratory)的小型研究團隊，都致力於投資開發新技術，希望使這股熱情能持續到未來，但蔽星板的製造計畫毫無眉目。航太總署一直沒有點頭。

多年後，二〇一三年一月，就在孩子們開學了，樹上還積著雪的時候，航太總署發出召集令，為兩個新的科學與技術定義團隊徵求成員。一個計畫試圖從望遠鏡內部遮住恆星的光，另一個計畫試圖從望遠鏡外部遮住恆星的光。我申請的是外部遮罩計畫。在丟出申請書時，我的心裡有點激動。接下來，就等航太總署的回音了。

●

我在四月得到回覆，回信給我的人是道格拉斯．哈金斯(Douglas Hudgins)，航太總署的物理化學家。道格拉斯會自己製作望遠鏡。他的官方自傳最後一行寫道：「他的望遠

鏡包括二十四吋 *f/5* 牛頓望遠鏡（Newtonian）（自製）以及米德（Meade）七吋 *f/15* 馬克斯托夫—卡塞格林望遠鏡（Maksutov Cassegrain）。」道格拉斯和我一樣執著，堅信我們能在宇宙中找到其他的生物。我收到電郵時，人正在麻省理工學院的辦公室。那封信以「親愛的莎拉」開頭，聽起來還滿有希望的。我繼續讀，然後嘴巴愈來愈大。

我寫這封信是為了讓你知道，關於我們為兩個系外行星「科學與技術定義團隊」（STDT）徵求成員的事，我們已經完成了申請者的資格審核。我很高興通知你，我們不僅希望你能成為蔽星板（Exo-S）STDT的成員，而且想要邀請你成為那個團隊的主席。

幾行字之後，道格拉斯以無比謙虛的態度做為結語：

懇請回覆你是否願意參與Exo-S STDT，也請讓我知道你是否願意接受我們的邀請，成為Exo-S的主席。

我深吸了一口氣，是否願意接受我們的邀請成為主席。很少文字可以對我產生如此重大的意義。帶領科學與技術定義團隊是無上的榮譽。這個時間點的科學與技術定義團隊承載了一項重責大任：有可能因為我們的努力，而有機會製造出蔽星板，但也有可能因為我們的失敗，而沒有機會製造出來。我們有可能是萊曼・史匹哲的夢想的最後一撮火苗。

我知道自己具備的特質，有好的、也有不好的，但我從來沒想過，自己能成為蔽星板的領導人，不只因為它的歷史意義重大，更因為現在是關鍵時刻。我知道我夠聰明。我付出了該有的努力，也具備所有必要的夜視能力。但在我的想法中，領導人應該是個有自信、泰然自若、有條理、能控制情緒的人。但我仍然會猶豫不決、動不動就崩潰、容易慌亂，而且幾乎毫無條理。我從來不會自我欺騙。我誠實到殘酷的地步，尤其是對我自己。

最近才發生一件事提醒我，我現在的生活是多麼接近邊緣。我帶著兩個孩子，一起到太平洋西北地區（Pacific Northwest）工作兼度假。從多倫多轉機飛回家時，我們必須在機場通過美國海關。我們遇到的證照查驗人員異常的愛聊天，他問麥克斯和亞力克斯，旅途中有哪些冒險。然後他轉頭問我：「孩子的父親知道他們去了哪些地方嗎？」

「他死了。」我回答，盡最大努力保持鎮定。現場的氣氛立刻降溫。我問道：「你需要看死亡證明嗎？」這是寡婦不為人所知的苦：她們必須為了應付政府機關，隨身攜帶自己受苦的證明。護照、機票、死亡證明。那位證照查驗人員搖了搖頭，情緒顯然受到影響。

我無法騙自己說，那些回憶已經入土。它一直都在，伺機而動。而我現在擔心，那些回憶會以某些不好的方式浮現，使我無法好好專注於蔽星板。我不可能知道什麼東西能夠開啟那些門，或那些門會開得多大。我曾在《哈芬登郵報》的專欄寫道，女性科學家（以及其他領域的女性）往往必須比男性同儕更加努力（尤其當她們要贏得或保持領導地位時），她們必須提出更多證據，來證明自己的能力。因為人們往往認為女性太情緒化，難以勝任需要保持冷靜的科學工作。女性太脆弱、太激動。儘管在我的領域裡，男性科學家也會暴怒與激烈爭辯，但大家認為這些言行是理所當然：這代表他們滿懷熱情，投身於他們熱愛的事物。不過，若換作是我做出那些言行，就不會得到如此體諒的評價。我必須隨時隨地留意，不在工作的時候流露情緒；參與蔽星板計畫時，就更加需要小心謹慎了。

接下來，我開始推想別人可能反對的理由，然後我想出了支持自己的充分理由。我提醒自己，我受邀加入是意料中的事，只不過，我以為擔任的是一般成員。我想起我受過的正式教育，那些年待在教室和實驗室的情景，做研究、寫程式、做東西。我在系外行星領域締造了重大的進展。與此同時，我也走過了與眾不同的旅程，朝著不一樣的方向前進了一段路。我失去了丈夫，而我活下來了。我為自己建立了新的生活。我創造了一種新的家庭。我找到了新的朋友和新的容身之處。沒有太多人和我一樣經歷過這麼多新的體驗。我有能力催生新的硬體。

我答應了。

航太總署開始把團隊成員的名單傳給我。其中一位成員幾乎在我剛收到名單時，就打電話過來：韋伯斯特・凱希。他說，一定是有人搞錯了。很顯然，主席應該是他。他更資深、更有經驗。他致力於蔽星板很多年了。他懂的比我還要多。他知道對的形狀。他甚至發明了蔽星板這個詞。

這是考驗勇氣的時刻。我一直喜歡凱希這個人，我到現在還是很喜歡他。他是個有見地、有才華的天文學家。我也了解失去自己心血結晶的痛苦。我是過來人。例如，我發明了凌日透射光譜，但後來有許多天文學家使用它、改良它。你無法宣告你擁有某個概念的版權，你只能回憶那段往事，品味那段概念只屬於你的甜蜜時光。然後你就必須放手。有權利欣賞彩虹的人，不只有你。

「你必須打電話給航太總署。」凱希說，我必須告訴他們，我不想擔任主席，我希望讓他帶領這項研究。

「但我不想那麼做，我想要領導這個研究。」

凱希開始發脾氣，提高了嗓門跟我說話。他沒有意識到，他已經得到了答案：航太總署不想讓他帶領這項研究。航太總署知道他能夠、與願意貢獻多少東西。他們看過他的提案不只一次，而且每次都拒絕他了。凱希想不透自己為何會被拒絕，但航太總署一定有他們的理由。他們想要嶄新的視角，一個對自己的能力有自知之明的人。他們要的是我。

「他們選你，是因為他們知道他們可以操弄你，」凱希說，「他們知道你是個娘炮。」然後就掛斷了電話。

我心想：三色堇，好美的花。（譯注：pansy的意思是三色堇，同時也有「娘娘腔」的意思。）

•

我們的第一次面對面會議安排在七月初。會議為期兩天，會讓日冕儀和蔽星板計畫兩個科學與技術定義團隊的成員一起討論。我們先分享共同的基礎，然後再分別追求共同的夢想：尋找另一個地球。這兩天的議程包括演講和腦力激盪，時間安排精細到以分鐘為單位。我除了要主持會議，還要在第二天的午餐之前，用半小時簡短介紹超級地球的光譜學知識：用三十分鐘來談我對遙遠微弱星光的畢生研究。至於如何帶領蔽星板團隊，我只有不到三個月的時間可以準備。我會採用我一貫的方法：閱讀、傾聽，然後動手做事。

我下定決心，要讓蔽星板成為我的新開始。這個機器包含了我喜愛的一切；它是我們最好那一面的延伸，它像船槳一樣，是我們向前推進的工具，也承載了人性最深的渴望。更重要的是，我覺得它是我們最有希望為遙遠世界拍攝清晰照片的唯一機會。它或許可以提供其他生物存在的證明、我們的肉眼看得見的證明，以及我們能抓在手裡、放在心裡的認知：**我們並不孤單**。

蔽星板也會成為我的過去與未來的分界線。我已經花太多時間思考過去；是時候該聚焦於未來了。我認為，假如委員會可以盡力把工作做好，或許能夠在我有生之年，利用蔽星板探索一百個星系。根據統計，這足以讓我們看見十多個類地行星。

不過，我首先要面對的是，蔽星板錯綜複雜、甚至是不利的歷史背景。遺憾的是，有太多的原因能導致複雜的事情無法成功。唱衰我們的人，手中握有人類累積了數百年的種種錯誤和悲劇。人類最大的成就大多始於擴張。當你試著去做沒有人做過的事，那麼就會有無數的人告訴你，沒有人去做是有原因的。我可以建構數學理論證明其他生物的存在，因為宇宙裡有太多的星體，地球不可能是唯一的例子。但反駁的意見顯然簡單明瞭多了：到目前為止，地球顯然是唯一有生命的星球，不是嗎？

我把蔽星板說給同事和朋友聽。普遍認為這個計畫不可能成功，而且不是普通的不可能，是絕對不可能。人們一而再、再而三的告訴我相同的訊息。**放棄吧，不要浪費時**

間了，那是死胡同，毫無希望。有一次，我去參加為波士頓地區的系外行星科學家所舉辦的烤肉活動，我遇到無數個嘴裡塞滿熱狗和漢堡的人告訴我，蔽星板無法成功的理由。（科學家與社交禮儀通常沒有交集，尤其是現場有食物存在的時候。）兩個相距數萬公里的太空飛行器要完美的協同運作？製作精準度達到微米的巨型遮罩？使恆星消失？用用腦吧，莎拉。對他們來說，我就像是去爬一座沒有峰頂的山。

即使在我們的團隊內部，也有我們注定會失敗的耳語在流傳。我不想相信那種酸言酸語，但有一小部分的我明白他們的邏輯。假如我們無法在規定的時間和預算之內，拿出可行的方案，航太總署將會把蔽星板永久封存，然後宣稱：我們已經派出最頂尖的人才，卻依然無法解決難題。這就像是把票投給某個候選人，只為了證明他的主張根本行不通。我們試過了，結果行不通，這表示另一個答案一定是對的。言下之意就是說日冕儀才是正確答案，前提是他們沒有失敗。倘若那個團隊也失敗了，那麼人類將永遠沒有答案。

●

不知何故，麥克斯和亞力克斯一致認為，我們家的玄關是用《星際大戰》（*Star Wars*）的光劍決一死戰的最佳場地。（這個世界上最迷《星際大戰》的孩子應該就住在我家。）

當他們舉起手中的塑膠武器時，常常不小心打到從灰泥天花板垂下來的吊燈。吊燈晃來晃去的，感覺隨時會掉在他們頭上。每次看到這個情況，我總是心想：我一定要解決這件事。但我不知道該怎麼解決或處理，於是這件事也慘遭擱置。

自從發生一次特別驚險的決鬥之後，我真心認為，孩子和吊燈遲早有一方會遭殃。既然兩個孩子要留下來，那麼吊燈就必須走人。我不打算請人來幫我取下吊燈。假如我要當個領導人，我必須主動出擊。

除了會觸電和從梯子上摔下來之外，這件事似乎並不難辦。我和寡婦姊妹淘的一位姊妹討論過，並寫下詳細的筆記，然後又上網查資料。我按照習慣，滴水不漏的寫下每一個步驟，並沙盤推演過無數次，直到我對這個任務有十足的把握。萬一邏輯與證據都失效了，我希望幸運之神能眷顧我。

我把燈關掉，拿出梯子。我爬上梯子，試著忽略地板發出的軋軋聲。我把手舉到頭頂上，準備把燈具取下來。我小心翼翼的旋開螺絲，然後更加小心翼翼的切斷黑色電線和白色電線。我爬下梯子，把燈具放下來。然後我再度爬上梯子，用絕緣膠帶把裸露的電線頭纏起來。

我爬下梯子，欣賞自己的傑作。沒有了吊燈，電線頭就這麼掛在天花板上的洞口，玄關現在變得比較暗了（你可能以為我知道把燈拆掉會有什麼後果），但兩個孩子的決戰再怎麼瘋狂，也不會打到吊燈了。我完成了小小的補救工作，並偽裝成勝利。

我覺得自己無比渺小。我覺得自己無比巨大。

第十七章

偶遇

就在第一次召開蔽星板面對面會議之前（我人生中最重要的會議之一），我與孩子們在週末連假分開，飛往安大略省雷霆灣（Thunder Bay）。我坐小型飛機裡，思忖我當初為何答應這件事。

我接受加拿大皇家天文學會（Royal Astronomical Society of Canada）的邀請，在年會上演講。我通常會婉拒這種邀請，因為夏天的週末對我來說非常珍貴，但加拿大皇家天文學會給了我太多的東西。我在學會的派對上，第一次用望遠鏡看月亮（我當時五歲，眼睛睜得大大的，父親就站在我的身旁）。後來，在青少年和大學時期，多倫多分會的每個集會我幾乎都有參加。因此，我雖然在幾天後就要飛往航太總署位於馬里蘭州的「戈達德太空飛行中心」（Goddard Space Flight Center），開始進行蔽星板計畫，但我得先履行另一項承諾。

我在臥室整理行李時，亞力克斯躺在我的床上，看著我的一舉一動。我無法決定要穿什麼衣服。「有時候很難做決定，」我告訴他，「我不想穿得太正式，因為這是在週末連假舉辦的歡樂聚會。但我也不想穿得太隨便，因為那會顯得我不把邀請當一回事。」亞力克斯看了一下我衣櫃裡的衣服，又看看我拿在手裡的衣服，然後點點頭。「我懂，」他說，「女人的衣服很多，但永遠少一件對的衣服。」我聽了之後哈哈大笑，並在腦海中回味這一刻。當我擔心不知道要穿什麼衣服時，其他的憂慮就暫時不再使我煩惱，雖然僅僅是整理行李那一小段時間。我會沒事的。

我望出窗外，凝視下方的白雲。再過幾個星期，麥可就過世滿兩年了。寡婦姊妹淘並沒有安排任何活動。我們在第一年的忌日一起玩大把大把的仙女棒，第二年就只有花幾個小時，在悲傷中回憶往事。我在某個地方讀過一種說法：寡婦會在兩年內認識別的男人並再次結婚，否則就永遠不會再婚了。此時我忍不住一直想著這件事，不管怎麼說，我的時限快到了。

我的演講之前是接待會，為整個週末的活動揭開序幕。我們在一所小型大學辦活動，校園因為放暑假空蕩蕩的，我們從巨大的窗戶望出去，可以看見岩石和樹木。雷霆灣並非浪得虛名，但那個星期的天氣晴朗而溫暖，太陽到晚上十點才下山。加拿大夏日的漫長白天彌補了冬日的短暫白天。我在飛機上的消極想法此時消失了。現場有將近一百位業餘天文學家齊聚一堂，興奮的為共同的興趣一起慶祝。我可以感受到信念的火花，令人上癮。與會者大多知道我是演講嘉賓，所以總是有人找我說話，我們談論的主要是各種望遠鏡的優缺點比較。

我還記得我第一眼看見他的那一刻。我可以感覺到我自然而然的轉頭面向他，就像向日葵跟著太陽轉向一樣。他很高，在眾人中鶴立雞群，站在房間的另一頭。他的長髮抹了髮膠，服貼的梳向後面，他戴著黑框眼鏡，露出開朗的微笑。他的膚色相當黝黑，彷彿一輩子都在晒太陽，而筆挺的白襯衫把他襯托得更黑了。我心想：哇，那個男人是誰？我覺得我非認識他不可。但我不知道該怎麼做。我試著不要一直盯著他看。

他也看了我一眼，然後轉頭看看後方，我猜他以為我在看的是他身後的某個人或某樣東西。然後他又回頭看著我，我們的視線交會。我們只是對望了一眼，但感覺我們之間好像發生了很多事。

當我上台演講時，那個高個子男人坐在禮堂最後幾排的位置。我仍然努力不要盯著他看。我假裝專心看我的演講稿，其實我早就把整份講稿背起來了，況且這份稿子我已經講過無數次。我談到我想搜尋第一個類地行星的渴望，以及看見宇宙裡最微小的光亮是我畢生的志向。

演講結束時，我鬆了一口氣。演講還算順利，接下來我可以輕鬆的坐下來聆聽其他人的演講，然後再來參加隔天的活動。天文學界的會議不算是高規格的會議，因此他們安排我住在一位業餘天文學家的家裡。她是寡婦，有一頭閃亮的白髮，活力充沛。我們聊了一下彼此的情況，也聊到和其他男性約會的事。她告訴我，有好幾個人約她出去，但她一直沒有答應。我試著給她一些忠告，關於男人（當她準備好的時候，就應該無所顧忌的和別人約會）和金錢（她應該重新裝修浴室）。然後我們把話題轉回天文學，那是我真正的專業領域。

接待我的女主人是敬虔的天主教徒，但她也熱愛星星。她知道教友當中，有許多人難以接受在宇宙裡尋找其他生物的想法，也不太去正視這件事可能對信仰產生的影響。這些教友的憂慮是可以理解的。天主教會的歷史出現了好幾位科學界的挑戰者（哥白尼、伽利略、達爾文），而這些教友很快就必須再次決定，兩個信念體系（譯注：信仰與科學）要如何看待彼此。因為再過不久，信仰將無法提供人們所有的答案。我們一直聊到深夜，探討我們所謂的「覺醒」。

我那天晚上大概睡得比女主人更沉。次日，我前往大學的餐廳吃午餐，我去的時間比其他人都晚了一些。餐廳裡幾乎是空的，除了那個高個子男人。我們同時走到沙拉吧前，我轉頭面向他。我不知道該說什麼，於是我決定等他開口，或許他會說一些話。

他清了清喉嚨，然後向我伸出手。

「西格博士你好，我是查爾斯・達羅（Charles Darrow）。」他說，然後停頓了一下。查爾斯・達羅似乎有些緊張，但他似乎也下定決心要說接下來的話。「你願意和我一起共進午餐嗎？」

我們端著托盤走到最外緣的座位，就在落地窗旁邊，可以眺望外面的岩石和樹木。能和他同桌吃飯，感覺像是得到了一種小小的勝利：我終於能夠認識他了。我從來不曾在傾刻間覺得男人有這麼高的吸引力。我直視查爾斯的眼睛，他對我露出燦爛的笑容。

我們簡單介紹了一下自己，再聊聊現況、對彼此的第一印象。我必須努力集中注意力，才能聽進他說的話。查爾斯來自多倫多，他是加拿大皇家天文學會多倫多分會的主席。那是我從前常去的分會，這個世界真小。他在休倫湖喬治亞灣旁的泰尼（Tiny）有個小木屋，他大部分時間都待在那裡，白天坐在湖濱欣賞風景，晚上用望遠鏡觀星。我有點納悶，他為何花這麼多時間待在一個名叫「泰尼」的地方。但我沒有問，他也沒有多加解釋。（譯注：tiny是「極小」的意思。）

那天晚上我們再次在另一場演講相遇，他問我，能不能坐在我旁邊。我們坐在黑暗的空間裡，聽講者說話，也聽著彼此的呼吸聲。我喜歡待在他的身邊。他的個子比我高大很多。在某種程度上，我覺得自己坐在一個重力源旁邊。

隔天一大早，我就抵達機場等待早班飛機。回到家之後，我得迅速重新整裝，然後前往戈達德參加蔽星板會議。查爾斯給了我一張他的名片。我把名片拿在手裡，端詳了一會兒。我寫了電郵給他，信中說，我很高興認識他，但說實話，我們應該沒有機會再相遇。他有他的人生，而我有我的人生。我查了一下多倫多與康科德之間的距離：我們之間相隔八百八十四公里。那差不多是兩個世界了。

我有一個下午的時間可以待在家裡，這足以讓我重新整理行李、帶兩個孩子去游一下泳，並感謝潔西卡照顧他們。然後我回到機場，坐在飛機裡。由於這次演講的對象不是業餘愛好者，而是專業的天文學家，所以我重讀了一遍我要用的講稿。把同樣的概念講給不同的人聽時，內容竟有天壤之別，這件事總是讓我覺得相當有趣。

「我聽說你是蔽星板的專家。」我抵達不久之後，有人用挖苦的語氣對我如此說。然後，另一個人也對我說了相同的話，幾乎一字不差。這個人同樣語帶諷刺，而不是真心的稱讚。他是工程師，而我是科學家，所以我知道他這種態度是從哪裡來的：他比我更懂得怎麼把東西做出來。儘管如此，一想到這些人應該是我的同事，講話卻如此無禮，我仍然覺得有點生氣。因為我知道，假如有個男人擁有和我一樣的地位和資歷，他們絕對不敢對他這麼說話。不過，我盡最大的努力不露出難過的表情。

這是我第一次和我的團隊一起開會。委員會有十個人，其中有幾位來自噴射推進實驗室（火星探測車和其他奇妙的機器都是噴射推進實驗室做出來的）。另外還有一個非常厲害的設計團隊與我們配合。因此，想像一個做不出來的東西是沒有意義的事，而這個設計團隊會提醒我們，把設計藍圖轉化成實際的物體時，會遇到哪些限制。

第一天結束時，所有的情況還不是很明朗，但我覺得我們的未來愈來愈樂觀。雖然起初花了一點時間磨合，但我慢慢開始覺得，我們已經形成了一個團隊。我們是一個能力互補、搭配得很好的團體。那天晚上，我們到當地的泰國菜餐廳吃飯，雖然我已經累了，但心裡很開心。我們一定會做出一些很棒的成果。

第二天，我一大早就起床，接受ＢＢＣ的訪問，主題是「世界幽浮日」（World UFO Day）。有些人會在六月二十四日慶祝「世界幽浮日」，因為那天是飛行員肯尼斯・阿諾德（Kenneth Arnold）目睹不明飛行物體的日子，也是媒體首次大幅報導幽浮事件的日子。一九四七年，阿諾德在華盛頓州瑞尼爾山（Mount Rainier）附近駕駛私人飛機，看見了九個物體以整齊的隊形飛行。他說那些物體的形狀很像是裝派的盤子，這就是我們稱之為「飛碟」的原因，也因此，科幻情節中的外星船艦通常是圓盤狀。（我一直覺得這個說法很奇怪，因為人類從來做不出飛碟造型的飛行器。）我接受訪問的日期是七月二日，也有不少人在那天慶祝「世界幽浮日」。據說，就在阿諾德目睹幽浮的幾天之後，外星人在新墨西哥州羅斯威爾的沙漠墜毀，日期正是七月二日。那個夏天很特別。

我不認為外星人曾在一九四七年或任何一年造訪過地球。我不認為任何人或任何物體能做如此長途的旅行。但我仍然希望ＢＢＣ的全球觀眾試著想像這個可能性。我穿上了我最喜歡的咖啡色皮夾克（我彷彿可以聽見熱愛時尚的克莉絲低聲提醒我，上電視時不要穿得土裡土氣的），坐在飯店滿布晨光的房間裡，等待一口標準英國腔的主播提姆・威爾考克斯（Tim Willcox）打來的視訊電話。我打算發表我一貫的論點。

「你的直覺是什麼？」威爾考克斯笑著問道，「這不是非常科學的問題，但你的直覺是什麼：你認為外太空有生物存在嗎？」

「說實話，」我微笑對他說，「科學家從來不喜歡在沒有任何證據的情況下發表意見，尤其是在BBC的頻道。不過我必須告訴你，從統計觀點來說……你只要算一下宇宙的天體數量，以及行星的數量，自然而然會得到一個結論，那就是宇宙的某處應該會有其他生物的存在。」

「嗯，我希望你能找到氪星（Krypton），」威爾考克斯說，「還有新一代的超人。莎拉・西格，祝你好運，或許當你找到時，我們再聊。」

我超希望能和他進行下一次的訪談。你能想像嗎？將來的某一天，我們找到了證明宇宙有其他生物存在的證據。我們**確知**外太空有其他生物存在的那一天，將是歷史上的分界線。我想像住在雷霆灣的白髮寡婦從收音機聽到新聞，然後用手遮住嘴，眼眶泛淚：覺醒日到了。

我到戈達德開會時，滿腦子還在想剛才的事。我發表演說，也聽了幾個人談論最有可能找到生物的系外行星，以及巨星的演化。會議室裡的創意火花四處飛射。我們開口閉口都是「目標」。大家充滿了鬥志。

當我在機場等待回家的班機時，才有時間查看我的電郵。我看到了查爾斯的回信，他的回覆讓我驚訝不已，差點摔下椅子。

他寫道：有件事我忘了告訴你，我們能聊聊嗎？

●

七月四日那天，我帶著孩子和瑪麗莎一家人以及她的非寡婦朋友碰面。我知道我有進步了，因為我已經能夠忍受她們動不動就傻笑的行徑，而且不會心生輕蔑：哦，我才不想殺了她們，這樣很好。我們搭乘紅線火車到劍橋，晚一點會進入麻省理工學院校園，再到有二十一層樓的葛林大樓，直上屋頂。那裡是觀賞河濱國慶煙火的最佳地點。我把我和查爾斯的往來電郵拿給瑪麗莎看。那時我已經從驚嚇中恢復心情，以鎮定的態度回覆他：「當然好。」現在，我等著他打電話來。

「有意思！」瑪麗莎在火車的噪音中提高音量說道，然後發出一串笑聲。我知道她想告訴我什麼。好好享受和這個男人的交往過程，不要太認真。這一次我覺得瑪麗莎並不了解我的狀況。我整個人受到很大的震撼，彷彿我發現了什麼新知識，我因為自己的「覺醒」而感到天旋地轉。查爾斯和我在某個週末在雷霆灣相識，然後再也沒有說過任何話。我是個手中沒有任何證據的科學家。但我知道他擁有一些別人沒有的東西，他和其他人不同，他是個獨一無二的存在。

查爾斯在隔天打電話給我。我後來才知道，他當時拿起電話又放下，就這麼重複了五次，好不容易他才鼓起勇氣撥打我的電話號碼。當我在手機上看到來電顯示有多倫多的區域號碼時，不禁心跳加快。

「喂？」

「嗨，莎拉，我是查爾斯。」

我們沒談什麼重要的事，就只是閒聊。你好嗎？我很好。很忙，但一切很好。我們依然對彼此認識不多，我們之間有一種不知所措的尷尬。我告訴他，我的時間永遠不夠用，我和孩子們相處的時間總是不夠多，孩子與工作之間的拉扯使我左右為難，倍感壓力。查爾斯對我說，他覺得我的工作很重要。他還告訴我，他的父親在創業之前，是個經常出差的業務員，他後來很後悔，沒有多花一點時間陪伴孩子。查爾斯希望我能明白，他認為我為了無法在工作與家庭之間找到平衡點而擔心，證明我是個很好的人，也是個好母親。我遲早會找到平衡點。

他偶爾會提到一點點關於他自己的事，但我覺得他好像沒有告訴我一些重要的事情。

我也沒有告訴他一些事情。

掛斷電話之後，我一直想著他的事，我沒有動用我固有的思考方式。我既不分析、也不拆解。我只知道，我還想和他多說一些話。

我們通電話的隔天，我帶著兩個孩子飛到瑞士去找布萊斯。這趟旅行和工作無關，是真正的暑假。有一天，我們因為下雨被關在飯店裡，我決定發個簡短的電郵給查爾斯，好讓彼此有一種最低調的互動。我寫道：來自瑞士的問候，我們被雷雨困住了。你那邊怎麼樣？

當我發現他馬上回信給我時，我有點意外。

記得幫我吃一些瑞士薯餅。

我躺在床上笑了出來。真是個出乎意料的反應。我們又來來回回的交談了幾輪，查爾斯寫的東西總是讓我開心的露出微笑。他問我，等我到回家之後，我們能不能再通電話。我回他：當然可以。我告訴他，不過，下次我想視訊通話。我想看見他的臉，我想看著他的眼睛。

他回我：沒問題，我去為我這張很醜的臉弄個攝影鏡頭。

很醜的臉？查爾斯照鏡子的時候，他的認知一定和我的認知有很大的差異。我覺得他很好看。他對自己的看法太苛刻了。當我看著他的時候，我看見了生命。

我有點想要告訴查爾斯一切，但我們還不會聊得那麼深入。我們不急著向對方揭露自己的內心世界。我們不急著進入下一步，因為我們的關係沒有下一步。我們正慢慢成為朋友，而真正的友誼需要時間的醞釀。關於自己的性格，以及自己經歷過的事，我們只給對方一點點線索。我告訴自己，一切順其自然就好，但事實不完全是如此。情況比較像是，我知道我希望事情如何發展，而我不想做任何事阻礙情況的發展。我很確定，上天對我們有一些安排，而我決定要順從天意。

我告訴查爾斯，我有兩個孩子，但他不知道孩子的父親是誰，也不知道我究竟是已婚、離婚或是其他的情況。他知道我是天文學家，在麻省理工學院教書，但他不知道我的生活到底長怎樣，或是我在我的專業領域有多麼出名。我想，他知道我喜歡他，但我認為他沒有意識到我有多麼喜歡他。

查爾斯告訴我，他在多倫多的家族事業工作。我在網路上找到了他們家開的公司，那是一家專業機器零件批發商。他知道工具的運作方式。他不僅知道滾珠軸承是什麼，還知道它為何存在，也知道各種不同的滾珠軸承能發揮什麼作用。我很羨慕他，他的工作似乎賦予他掌控世事的能力。他的上下班時間很固定，週休二日，需要度假時就可以去度假。他的人生似乎存在著秩序。他能掌握事情的分寸。

然後，查爾斯說了一件別的事。我聽到他說「我太太」。他太太，現在式，沒有附帶其他的形容詞。

他結婚了。

我的自我保護思維立刻啟動。沒關係，反正我還沒有準備好要進入新的關係。我們只是有點小曖昧的朋友。只是對遠方的朋友有一點好感而已。我們還沒有造成任何傷害。但在內心深處，我覺得自己被刺了一個洞，並且開始洩氣。我告訴自己，我真傻，八百八十四公里？我們之間毫無機會可言。我知道，我真的知道。但是……我讓自己的心稍微遊蕩了一下。我允許自己懷抱一點點的盼望。

查爾斯和我繼續保持聯絡。我們有聊不完的話題。即使是聊一些平凡無奇的事，我仍然充滿興趣。他很會適時說笑話，有許多是自貶的笑話。他用自嘲的眼光看自己。我已經有很多年沒有這麼開心了。和他聊天的時候，我可以自在的做自己。他似乎對我有好感，而不是反感。與查爾斯對話，跟我平常要認識別人的情況非常不同，我們兩個人似乎可以永無休止的聊下去。

我告訴查爾斯，里卡爾多這位曾經允諾會一輩子陪伴我的麻省理工學院校友，有時候會寫訊息向我道早安和晚安。他聽懂了我的暗示。

那天晚上，查爾斯寫訊息跟我說：晚安，莎拉。

次日早上起床時，我看到了：早安，莎拉。是時候把我的祕密告訴查爾斯了。再過幾天，麥可過世就滿兩年了。我告訴查爾斯，下個星期是什麼日子。

他沒有對癌症的事抱憾，也沒有試圖告訴我，遇到至親過世要往好處想。他說，他希望我能走出陰霾，他會時常想著我。

我對他說，那個週末同時也是我的生日。真是悲慘。

星期六早上起床後。早安，莎拉。生日快樂。我回他：我的生日是明天，星期天。

他寫道：你只有說「這個週末」，我有一半的機會猜對。

●

八月初，因為父親有些事情沒有交代清楚，所以我必須到多倫多處理父親的遺產。我問查爾斯，他想不想跟我碰個面，讓我在處理遺產事務之餘喘一口氣。他開了一輛潔白無瑕的福斯汽車來接我。我很高興見到他，但很快就開始感到有些困惑。他似乎很緊張，和我們在線上聊天時的一派輕鬆大不相同。

我們打算去城市北邊的大衛・鄧拉普天文台，他想為我導覽那個地方。我跟他開玩笑說，導覽者應該是我才對，因為我就讀多倫多大學的時候，有兩個暑假完全泡在那裡，天文台的每個角落我都摸透了。它建於一九三〇年代，宏偉的圓頂是在英國製造，然後運送到天空比較沒有受到汙染的加拿大。它座落於一個山丘上，四周圍繞著枝葉繁盛的老樹。天文台裡有一個巨大的七十四吋望遠鏡，在當時是全世界第二大的望遠鏡。後來學校把這個產業賣給開發商，開發商把天文台切割出來，暫時交由加拿大皇家天文學會多倫多分會管理。這是查爾斯手中有天文台鑰匙的原因。

「壓力來囉，開始導覽吧。」我說。

我曾告訴查爾斯，那裡的圖書室是我最喜愛的地方。「圖書室不在導覽行程裡。」他逗弄我。

那個天文台有太多的東西使我想起，我今天為何從事這份工作。我在那個時候學到了好多東西，後來又學到了好多東西。雖然查爾斯和我都熱愛星星，但我們從來不曾談到自己為何愛上觀星。因為根本不需要談。對於同好，你不需要解釋理由。他們早就知道你的理由是什麼了。

我們在巨大的望遠鏡旁一起拍了第一張合照。然後查爾斯帶我去吃晚餐。他送禮物給我：一個小盒子。我打開盒子，看到一支閃閃發亮的手錶。那不是普通的手錶，它是天文錶，錶帶是白色，錶面很大。它有日晷（只要選擇地點，就會顯示日出和日落的時間），也有月晷。我只要在下午看一下手錶，就能知道那天晚上的月相。

查爾斯對我說：「謝謝你成為我的朋友。」他說話的方式和平常不同，讓我覺得他正處於深深的悲傷，而且是我無法觸及的悲傷。我接受遠距離的友誼，只用電郵、視訊通話、文字訊息交心，或許當我剛好到多倫多時，還可以碰個面。我們可以一起愛上星星。而現在，他送給我一支手錶，每當我戴上它、每當我想知道太陽和月亮在何處時，就會想到他。

我滿腦子只有一個問題：查爾斯和我到底算什麼？

晚餐結束後，他開車送我回到安大略湖邊的飯店。我隔天一大早要搭飛機離開多倫多群島。我們在飯店旁邊停車。查爾斯將車子熄火，我們坐在車子裡一動也不動。氣氛有些凝重，我覺得自己快被巨大的重量壓得喘不過氣。

我看著腕上的手錶，我知道今晚的月相，也知道我想說什麼。我想要向查爾斯傳達一個簡單、清楚的訊息：我們屬於彼此。我不知道要如何表達這個想法。我的猜想和我們的現實之間存在著巨大鴻溝，有許多好事就消失在鴻溝裡，而我卻不知道要怎麼跨越。

我感覺得到，查爾斯也有話想說，但他似乎比我更找不到合適的言語來表達。我們有好幾次差點把話說出口：說出心底話之前的吞口水；好幾次緊張的舔嘴唇……我們坐在那裡，時間過得無比緩慢。

「好吧，」查爾斯終於開口，我坐直了身體，「我回家還要開很久的車。」

那是暗示我該下車了。我向他道別，然後下車，站在人行道上。八月中的夜晚相當涼爽，比車子裡更涼爽。我深深的呼吸一口氣，目送查爾斯開車離開。

第十八章

清晰

「莎拉，」鮑伯最後對我說，「你知道當我需要讓頭腦清晰一點的時候，我會做什麼嗎？我會跑步穿越大峽谷。」

距離我上次淚流滿面的和鮑伯．威廉斯吃飯，已經過了快兩年，他的那些話至今還在我的耳邊迴響。有很多原因使我無法忘記那番話。麥可死後，我去過很多地方旅行，但我再也不曾體驗過我們兩人一起征服大地的壯闊冒險，我想要找到我們划船橫越沃拉斯頓湖的那種感覺：對艱巨的挑戰感到害怕，在克服挑戰後感到無比滿足。眼前的蔽星板計畫使我對於具體的目標、對於獲得成就愈來愈感興趣。我也想要覺得自己有能力達成我決定要達成的目標、自己的未來可以自己決定。我需要考驗我的肌肉，測試我的決心。大峽谷正是最適合的挑戰。這個冒險具有象徵意義。我心底的峽谷切割了我的人生，而我來到了邊界，我需要跨越峽谷，好到達另一邊。

我也想起，當鮑伯知道我可能會嘗試征服大峽谷時，他由衷的擔憂。他從我當時的反應清楚看出，我大概會親自嘗試。因此，在我們吃飯的隔天，鮑伯打電話給我。「莎拉，這不容易辦到。」他說，「大峽谷並不是浪得虛名。不論你打算怎麼做，不要嘗試在一天之內走完全程。」它是個非常有企圖心的挑戰，但也很容易被擱置。

二〇一三年夏天的尾聲，孩子們在夏令營和開學之間有幾個星期的空檔。人生苦短的感嘆還一直籠罩著我。我問亞力克斯，他曾經發出豪語，想要征服四千公尺的高山，他現在還想不想這麼做。他說：「想。」我請他從一到十分為他的渴望程度打分數。他回答：「七或八分。」他的語氣有一種不是很篤定的感覺，所以我覺得他心裡想的和嘴巴說的可能不太一樣。

亞力克斯長得好快。他那時八歲了。他有兩年的時間沒什麼長大，生長似乎停滯。但突然間，他在很短的時間內長高了好幾公分，體重增加了十幾公斤。質量愈大，移動就愈困難。或許在他的心中，征服高山不再是那麼輕鬆的事了。

我在想，當他看見一座山就在眼前的時候，會不會重新點燃往日的熱情。於是我決定帶孩子們去科羅拉多州。潔西卡也會同行，用她一貫的熱情感染我們。另外，我也幫新加入我們的延伸家庭的一位成員買了機票。茹莎（Zsuzsa）剛從麻省理工學院畢業，她也熱愛健行。就像我過去收留流浪貓一樣，我仍然在收留流浪的大人。茹莎需要住的地方，我家有很多空房間和空床，而且對我來說，家裡的幫手多多益善。俄羅斯籍的茹莎很有個性。她說，她父親從小對她的栽培方式，不輸給國家安全委員會（KGB）探員的訓練。她說，她是為了排除危機而存在。我一直擔心我們家半夜失火時該怎麼辦，她打包票她一定會救我們脫離險境。

在前往丹佛的飛機上，我望出窗外，俯瞰洛磯山脈，才發現我們沒有任何計畫。我連亞力克斯和我要爬什麼山都還沒決定。我看著飛機底下的山脈心想：*哪一座山是我們*

要征服的目標？

我和亞力克斯稍微研究科羅拉多州堡壘般的高山之後，亞力克斯很快就決定不爬山了。他已經不需要打破世界紀錄了。也許這代表他長大了，過去的他和未來的他之間，距離愈來愈遠了。不論他的理由是什麼，我對他說，沒關係。我曾預先告訴潔西卡和茹莎，我們可能需要備案，而現在，我們必須啟動備案。於是我們驅車前往大峽谷。

我們在大章克申（Grand Junction）過夜。飯店有泳池，附近還有小型的主題樂園。麥克斯和亞力克斯似乎受夠了長途坐車。我們在晚餐時決定，潔西卡陪兩個孩子留在大章克申，茹莎和我繼續向西南方前進。

「莎拉，」鮑伯最後對我說，「你知道當我需要讓頭腦清晰一點的時候，我會做什麼嗎？我會跑步穿越大峽谷。」

茹莎負責開車。從科羅拉多州、經過猶他州再進入亞歷桑納州的沿途景色非常壯麗。地球是最奇妙的行星。我們從山區一路往下開，跨越河谷，進入沙漠邊陲地帶。樹木變成了仙人掌。綠色變成了棕色，棕色變成了紅色。氣溫、光線、氣味、聲音，以及風吹在皮膚的感覺：每前進一公里，周遭的景物就改變了一些。這個過程不像是跨越了幾條州界，而像是在一個宇宙睡著，在另一個宇宙醒來。

我打電話給北緣（North Rim）的一家飯店，詢問是否有空房。結果還有一間。這麼巧，就是它了。

我們把車開進大峽谷北緣木屋（Grand Canyon Lodge）。我想像中最華麗的地方，大概就是這樣吧。房間就像是小木屋。飯店緊挨著峭壁而建，背後的天光與雲彩瞬息萬變。入夜後，我找了一個安靜的岩石凹陷處，抬頭仰望天空。世界上沒有任何地方比沙漠更能引出星星了。我用古希臘人的眼光看天上的星宿：星星是永恆的無解之謎，星星是有生命的。

茹莎和我用的是最簡陋的裝備，但我們的預備不周反而讓我很慶幸。如果有更多的時間仔細做準備，我可能會開始感到焦慮。我們兩個人決定，隔天一大早就起床，穿好登山靴，背上輕便的背包。我們只帶水、防晒乳和一些零食。假如我們的水喝完了，就沿途找泉水來喝，反正峽谷裡有一條河，總會有辦法。我們要從北緣跨到南緣，晚上就在南緣的另一家飯店過夜，次日再往回走。

我們天沒亮就起床，來到峽谷的邊緣。我以為我們做的事很特別，但事實並非如此。健行起點聚集了一大堆人。我有點失望，卻也鬆了一口氣。我們要做的事雖然不平常，但是平凡的人也能辦到。

太陽從地平線升起。我感覺腎上腺素在我的體內大量湧出。我向茹莎點點頭，她也向我點點頭。我們把鮑伯的提醒拋在腦後，我們要在一天之內走完全程。我們一開始踩著猶豫的步伐進入峽谷。重力很快就開始拉著我們往谷底走，就像水順著管路向下流一樣。走了幾個小時之後，茹莎開始用跑的。我跟在她後面。我的腳開始失去感覺，汗水從我的額頭滴下，肺部感受到一種舒服的壓力。茹莎發出了一聲大吼。

「這是我人生中最棒的一天。」她朝著峽谷大喊。

●

看著峽谷的山壁，不可能不想到時間的流逝。科羅拉多河究竟花了多長的時間，將地球表面切割成現在的模樣，地質學家對此沒有定論，最有可能的估計值是五、六百萬年。今日的峽谷有四百四十六公里長，最寬之處有二十九公里寬。基本上，它是由風和水一點一滴雕刻、侵蝕出來的大坑。它證明了遺跡是一點一點形成的。峽谷岩壁有多處高達一千五百公尺，揭露了二十億年的地質學歷史。

我們從北緣每向下走幾步路，就躍過了好幾個世紀。岩壁的這一截是我的一生、那一截發生了西班牙內戰，還有文藝復興、培布羅人的年代（Puebloans）（譯注：培布羅人是美國原住民）、神聖羅馬帝國、商朝、人類的起源、恐龍、史前爬蟲類，以及生命的起源。若給科羅拉多河足夠的時間，它搞不好能夠讓大霹靂的年代出土。

茹莎和我也用更直接的方式來衡量時間，主要是用距離來衡量。從北緣到南緣的折返路線長度為三十八公里，高度會下降一千六百公尺。跨過谷底的河流之後，就是上坡路。我們知道下山的路有誤導作用，看起來是一半的距離，但感覺起來不是，因為下山的路比上山的路更輕鬆。

我們也用日光來估算時間。我們要和日光賽跑。那天的天氣是多雲，就氣溫來說，這對我們有利，但對我們的視線不利，因為看不遠，也不容易得知時間有多晚。

我們來到跨越河谷的橋。我看著這條看不見盡頭的河流。想起之前我和麥可在這條河上泛舟，至少已經是十年前的事了，當時我向站在橋上看我們的人揮手打招呼。那一刻我有點感傷，心中隱隱作痛，但沒有持續太久。事過境遷。說來奇怪，我幾乎可以從水裡看見年輕時候的自己，我看到自己倒流時光的虛影。我知道她的人生中發生的每件事，彷彿她是個陌生人，而我能夠看見她的未來。我能看見河裡的她，也能呼喚她，把她的未來說給她聽。我該說給她聽嗎？

得得的騾蹄聲戳破了我的奇異幻想，原來是一支騎騾下峽谷的遊客隊伍。帶隊的年長男子穿著牛仔裝。我心裡想著：*他真帥*。然後我開始反思自己的這個念頭。*他真帥*。這個念頭是個單純、無意的反射性反應，是人類對正向視覺刺激的制約反應。我覺得它就像是一座橋，或許我終於能夠從這一邊跨越到另一邊了。

茹莎和我走得頭昏眼花。多數旅程最難熬的關鍵點就在四分之三的路標（已經走了好多路，卻還有好多路要走），但我看到它時卻油然生出舒暢的感覺。我雙腿的狀況好極了，我的心情非常雀躍。茹莎和我開始討論，或許我們那天晚上就能離開大峽谷。天上的雲已經消散，今晚會是滿月。

沒想到茹莎的膝蓋開始出狀況。她要我先走，於是我一個人出了峽谷。我坐在岩石上，用最後的夕陽餘輝欣賞紅色的岩壁。正當我打算回頭去找茹莎時，就看到她走出峽谷了。我們來到南緣。那裡擠滿了遊客。我想起了華盛頓山，同樣是遊客，開車的人和健行的人完全是兩樣情。我累壞了，可能不用換衣服就能睡著，我將會睡得像峽谷一樣深沉。

那天晚上，茹莎認為她沒辦法走回去，因為她的膝蓋不聽使喚。她必須搭巴士回到起點，她因此非常失望。

回程只有我一個人。次日清晨，我來到步道的起點，在黑暗中等待黎明來臨。太陽一升起我就啟程。我一路向下跑，來到谷底的橋。我在橋上又遇到了那位很帥的牛仔。

我說：「我昨天有見到你。」

我從他的帽緣下方看見他的潔白牙齒。

他回我：「我愛你。」

超現實的一刻。他說得如此自然。我不覺得他在和我調情；我覺得那只是他與遊客的一貫互動。但他的語氣很真誠，彷彿在向遊客介紹大峽谷的地理資訊一般。我對他露出最燦爛的笑容。我帶著牛仔的愛，用沉重的雙腿從谷底向上走。我抹去流到眼睛的汗水，擦去嘴角的塵土。我努力不向上望。我聚焦於眼前的岩石，一級一級向上爬。我來到了恐龍生存的年代。然後是西班牙內戰。

茹莎在終點等我。我沖了一個長長的熱水澡，然後我們坐下來吃最令人滿足的一餐。我覺得渾身是勁，我覺得興奮不已。

隔天早上，我們開車回大章克申。茹莎負責開車，我把椅背向後倒，放鬆自己，我的身體因為滿載著乳酸和自豪而變得沉重。我看著沿途的景致由沙漠變回森林，峽谷也變回高山。我不太確定我有沒有辦法向潔西卡和兩個孩子說明這趟旅程的情形，或是這個旅程如何使我在那個時候，更清楚我是誰。

「莎拉，」鮑伯最後對我說，「你知道當我需要讓頭腦清晰一點的時候，我會做什麼嗎？我會跑步穿越大峽谷，在一天之內完成。」

手機一有信號，我立刻打電話給鮑伯。雖然我們每隔一段時間就會互相聯絡，我沒有告訴他我要去大峽谷。

「嗨，鮑伯，」我說，「我辦到了。」

我辦到了，那個時候我才知道，問題從來不是距離，而是時間。

第十九章

天才閃光

在科學界，有時候你所搜尋的東西會引導你（或是其他人）去找到更棒的東西。充其量，我們這些科學家只是探險家而已。

麻省理工學院九月開學的時候，征服大峽谷的感受依然殘留在我的兩條腿裡；我覺得自己很強大，我已經很久沒有這種感覺了。回家之後，我立刻和查爾斯恢復原來的聯絡，電郵、訊息、視訊通話、手機，回歸原本的熱絡，彷彿福斯汽車裡那段尷尬而漫長的沉默從未發生過。我們回復筆友的關係，我認為那是最好的定位。我把所有的心思投注在蔽星板計畫，準備收心教書，投入我最喜愛的研究工作。我向自己發誓，絕對不要認為我們已經到達地圖的邊緣。

克卜勒一直忙著回傳銀河系的片段資訊，它從天鵝座（Cygnus）與天琴座（Lyra）附近，帶來源源不絕充滿希望的新發現。有十四個先前沒發現的系外行星在八月底獲得確認，克卜勒所發現的新世界，就這麼增加到了一百五十顆。不過，仍然有數千個行星還在排隊，等著我們去確認。已發現行星的數量，已經足以讓天文學界開始在行星系中尋找模式；我們能夠開始展開星系的統計調查了。我們所做的事，不再像是集郵了。例如，對於行星形成方式感興趣的天體物理學家，現在多了很多可以研究的對象。

我決定把尋找模式那類的工作交給其他人，我想要站在最前線，繼續向宇宙深處挺進。我與威廉・貝恩斯對生物特徵氣體的研究，發生了意外的轉折。我思索，在氧氣、甲烷等顯而易見的氣體之外，還有哪些氣體可能是生命跡象的指標。生物釋放的氣體種類之多，遠超出我的想像。除了氨氣這類很難進行化學反應的惰性氣體之外，我在猜，是不是所有的氣體都可能是生物製造的。我向威廉提出這個推測，他立刻告訴我，這個想法很荒謬，但我反駁他：地球大氣的所有氣體都可能是生物製造的，包括那些含量只有兆分之一的氣體。那些氣體雖然並非源自生物，但生物有能力製造。威廉思考之後，覺得我的意見並沒有他一開始所想的那麼荒謬。於是，我們在博士後研究員賈努斯・佩特科夫斯基（Janusz Petkowski）優秀的協助下，開始設法證明我的瘋狂想法。我們決定找個下午去哈佛，向生物學家傑克・索斯塔克（Jack Szostak）請益，他是諾貝爾獎得主。傑克耐心聽完我們的簡報後，立刻用他那顆金頭腦想出了一種不是生物排放的氣體。

假如傑克可以輕易想出一個例子，那麼一定還有更多種氣體不是由生物製造出來的。不論如何，一個例子就足以推翻我們的理論了。威廉、賈努斯和我有點洩氣，但沒有被打敗，我們又繼續研究，很快就提出了驚人的成果。在地球表面的氣溫與氣壓條件下，有超過一萬四千種分子以氣體狀態存在，其中四分之一是由地球上的生物所產生。有誰能知道另一個星球上的生物，會製造出其中哪種氣體？這一點使我們確認，我們在搜尋時要非常謹慎。若在其他星球的大氣成分中找到大量的氧氣，那將是開創性的新發現。但氧氣不是唯一的生命跡象指標。氧氣只是一千種可能性的其中之一。

我們的資料庫快速擴大，結果遭到許多同樣在研究生物特徵氣體的科學家批評。他們堅信，只有氧氣、甲烷、臭氧和少數幾種其他氣體，才可能達到足以讓人類偵測到的量。我才不管。過去的努力使我對生命的定義有更廣義的認知。我知道，我們的研究成果將會成為更多研究的基礎，成為許多新發現與無數夢想的跳板。

賈努斯靠自己得到了一些成果。他檢視那些不是由生物產生的氣體和固體，並從中找到一個明確無誤的模式。有些分子的部分結構（我們稱之為模體〔motifs〕）是生物無法合成的。我們覺得那些模體充滿了無限的可能性，它們是生化界的空白地帶，就像無人探索過的海洋。沒有人知道能在裡面發現什麼。

舉例來說，假如我們檢視生物能夠形成的數十萬種分子，大約百分之二十五含有氮、百分之三含有硫。這兩種元素在地球上非常普遍，但很難找到含有氮硫鍵的分子。這個事實令我們非常吃驚，因為氮硫鍵在工業與製藥業非常普遍；製造橡膠製品或是各種染料與黏膠時，經常會強迫合成氮硫鍵。但是生物界幾乎不會自行產生這種鏈結，就算產生了，往往也是有毒物質。

生物界常常會形成硫氫鍵。含有硫氫鍵的蛋白質無所不在；地球上所有生物的細胞裡都有這種蛋白質。我們三個人得出一個理論，氮硫化合物與硫氫化合物在大自然中不太可能同時存在。地球上的生物選擇氫做為硫的好朋友，氮通常沒有受到邀請，它們近乎互斥。

這是否意味，假如在系外行星的大氣找到氮硫化合物，就代表那個行星上沒有生物？不一定。我的同儕可能會說，若無視地球大自然的教誨，會使搜尋範圍變得無限大。我不贊同這個看法。我對生物特徵氣體的研究至少教了我一件事（其實遠遠不只一件事），那就是生命會找到自己的出路，而且通常是新的路。我們需要讓自己的想法變得更激進，而不是更保守。

讓我們想像一下。

假設我們造訪了那個充滿氮硫化合物的奇特行星，把火箭降落在行星表面。那個行星上的生物若是有智慧，就會聚集過來。我們打開艙門，踏上地表，向他們伸出不斷顫抖的手。我們體內的硫氫化合物會滲入他們的皮膚，然後汙染他們體內的氮硫化合物，反向的作用也會同時發生。我們會使他們中毒，他們也會使我們中毒，然後所有的人和一切就因為化學作用，開始慢慢朝著末日演進。

假若那些外星人來到地球，也會發生同樣的情況。他們打開太空船的艙門後，我們的生命並不會因此改變，而是全面滅絕。地球的一切會重新開始。然後某個新的生物會取代人類，生命會找到另一條出路。

某天我從麻省理工學院下班，在回家的火車上，我快速瀏覽被塞爆的收件匣，看到了一封來自麥克阿瑟基金會（MacArthur Foundation）的電郵。那個名稱讓我的心震動了一下。麥克阿瑟獎俗稱「天才獎」：金額為六十二萬五千美元，分五年發放，沒有任何附帶條件，頒給從事啟發性工作的人，不限領域。

電郵提到，他們之前試著要打電話給我，但我的助理基於保護我的立場，拒絕把電話轉給我接聽。我猜，他們可能沒有報上麥克阿瑟基金會的大名，所以我的助理以為他們在惡作劇。現在，每個星期都有來自四面八方的人要跟我聯絡。每次人類發現新行星，就會有人想出新的陰謀論，而我的知名度使我成為他們的攻擊目標。我不生我助理的氣，因為他只是在做他認為對的事，我很感激他的保護。不過，他竟然沒告訴我，麥克阿瑟基金會打電話給我！這種事應該不常發生才對。

我回信向基金會致歉，請他們隔天再次與我聯絡。我忍不住開始胡思亂想。他們的目的是什麼？他們一、兩年前曾打電話給我，當時他們要頒獎給某個我認識的人，因此要向我做資歷查核。也許他們再度需要我幫忙查核某人的資歷？有可能。他們需要的是訊息源，不是人選。我看著窗外快速向後移動的樹木，它們就像長了腳，自己向後跑。

我不禁想：**也許這次輪到我了。**

隔天他們再次來電。這次我親自接起電話。他們問我，現在是不是坐著，我說是，雖然我已經開始感覺輕飄飄的了。

這次真的輪到我了。

有時候，某件大事發生在你的生命中，但是要一直到你回想時，才意識到它的衝擊有多麼深遠。你需要一點時間，來領會事情的重要性；某個看似無害的選擇或意想不到的事件，讓你或你所愛的人，人生從此不同。麥克阿瑟基金會的電話不屬於這類事件，而是更罕見的另一類：在某件事發生的時候，我當下就知道它會改變我的一生。我可以聽見辦公室外的人在走廊上說話，他們完全不知道，在門的這一頭發生了什麼事，但我知道。在聽到消息的那一刻，我彷彿離開了我的身體，看著某個人的人生轉捩點，在我眼前上演。

電話那頭的人對我說：「嗯，西格博士，這件事要保密。」在獲獎消息向大眾公布之前，我必須保守祕密。他們預計在九月發布消息，也就是三個多星期之後。

他們告訴我：「你可以跟一個人說。」

他們的用意是安撫我：我們知道要保守這個祕密很困難，所以稍微通融一下。只不過，我沒有得到安慰的感覺。我可以告訴一個人，是因為他們認為我的人生中應該有這麼一個重要的人。我曾經擁有一個。但我失去了他。我不確定，那一刻是不是麥可的缺席帶給我最深感觸的一次，不過那一刻仍然像是最精緻、最完美的玻璃製品。我收到了人生中最棒的消息，「謝謝你，太感謝你了！」我一掛掉電話，立刻開始激動的啜泣。我想起了麥可，我想起了在我們需要的和想要的一切都似乎非常缺乏的時候，我對他允諾：「將來有一天我們會有時間，將來有一天我們會有錢，將來有一天我們會有錢也有時間。」

現在，至少我有錢了。但是你無法向已經不在人世的丈夫實現諾言。你只能趁著他還在的時候，兌現你的承諾。

出於直覺，我知道我即將經歷深沉的悲傷，就像有時候當我剛感冒時，我知道自己這次會很嚴重一樣。這種悲傷不會自動消失；假如我希望它離開，就必須與它奮戰。我問基金會的人，能不能把這個消息告訴兩個人。對方人很好，答應了我的請求。我原本想到的是麥克斯和亞力克斯，但我後來改變了主意。他們為何需要事先知道，自己的母親贏得了他們一無所知的獎項？於是，我把消息告訴瑪麗莎，她發出了驚天動地的歡呼聲。

我還告訴了查爾斯。他很驚訝我竟然讓他知道這麼大的祕密，因為我們明明對彼此還保有很多的祕密。

在新聞發布的前一天，我把消息告訴了科學院的院長馬爾克・卡斯特納，他在我最慘的時候幫了我一把。他當時為我找來的錢，使我可以延長家裡那群幫手的工作時間。她們多幫忙一個小時，我就可以多工作一個小時。我到馬爾克的辦公室，為那些多出來的工作時數向他致謝。他給了我一個既激動又興奮的擁抱，我有點意外。我不是會讓人想要主動擁抱的那種人，但我想，他是真的為我和為學校感到開心。就在七年前，校園裡還有傳言，認為學校不該聘用我。後來，我在馬爾克的辦公室提到辭職的事。那時我彷彿又變回了那個半夜站在湖邊、不知所措的小女孩。現在，我這輩子學到的東西，即將使我成為別人口中的天才。

●

麥克阿瑟獎要公布的那天早上，我一起床後就有種奇怪的感覺，我的心情與外界的情況幾乎反其道而行。我還沒有完全接受得獎這個事實，不過這幾個星期以來，我一直試著理解得獎對我的意義。我已經決定，不要把錢花在浮誇的用途，只打算為孩子買個比較貴重的禮物，再加上幾趟旅行。單親職業婦女會有很多支出，即使有馬爾克的幫助，我的存款也幾乎快要用盡，我也沒有任何實際的計畫或期盼，能在未來取得穩定的財務狀況。現在，有人丟了財務救生圈給我。我會把大部分的獎金用在兩個孩子、生活開支，以及家裡的幫手上。我還是會做一點家事（我甚至開始喜歡洗衣服，因為把髒兮兮的衣服洗乾淨很有成就感），但我已經體認到，人類從事的活動有絕大部分是我永遠無法精通熟練的，而那其實也沒關係。不過也有一些事，沒有人比我更擅長。終於能夠和別人談論麥克阿瑟獎的事，讓我鬆了一口氣，因為這個祕密我實在守得很辛苦。不過，那天的重頭戲是外界對獎項的反應，而不是我自己的反應。我已經知道自己對得獎有什麼感覺了。

消息公開的那一刻，就像是聽到有人敲門，打開門後發現外面正在遊行。麻省理工學院開了記者會；同事和學生到辦公室來向我道賀；麥克斯和亞力克斯與戴安娜在一家連鎖店吃披薩，他們在店裡的電視上看到我；我的手機響個不停，我的電郵收件匣被塞爆。得到如此的關注當然令人開心，周遭的每個人都對我很好。不過，我的心裡還是有點空虛。

在混亂之中，發行加拿大全國的《環球郵報》（*The Globe and Mail*）邀請我做電話採訪，我接受了。我的狀態不太好，導致發言不太得體。記者問我，為何離開加拿大到美國發展，她的問題有點出乎我的意料，以致我直白的回答說：「因為美國比較有能力造就偉大。」我突然意識到，家鄉的人聽到這句話會有什麼感受，於是追加了一句：「別忘了提到，我還是很愛加拿大的。」她把整個對話都放進報導裡，使我給人一種很不誠懇的感覺。我真的很愛加拿大；只不過，它給我的禮物和美國給的截然不同。

我們也談到我喪夫的事。我告訴她，麥克阿瑟基金會的人允許我提前把消息告訴兩個人。我說，我向兩個最好的朋友透露了這個消息。我希望查爾斯會看到報導，並且自己對號入座。我陷入身為寡婦最難克服的課題：在最快樂的時刻，往往會感到格外孤單。我迫切渴望在這一天感受到一點愛。

一等我掛上電話，康科德的寡婦姊妹淘就出現了。她們又歡呼、又鼓掌的，還給了我緊到令人喘不過氣的擁抱，害我差點腿軟。瑪麗莎把所有的人和一張張笑得合不攏的嘴與展開的雙臂，再加上野餐的食物和冰鎮過的香檳，全都塞進我的辦公室裡，我不知道她是怎麼辦到的。我們坐在我的長型木桌上，盡情享受美食和美酒。我沉浸在她們的溫暖光輝裡，我的身旁有六顆太陽。

上一次有這麼多寡婦來到我的辦公室，是我考慮辭職的時候。而現在，她們在這裡開香檳，她們是我人生中少數幾個真正的朋友。她們不斷對我說，她們以我為榮、替我高興，還說：「莎拉！那麼多的錢你打算怎麼處置？」

麥克阿瑟獎是上天賜下的祝福。它為我所做的事，正是它設立的宗旨。它會鼓勵我繼續下去、它會為我注入勇氣、它會賦予我專注的特權。但對我而言，寡婦姊妹淘的情誼才是最重要的。在歡樂慶祝的表象之下，我們都知道她們出現在這裡的原因。大家心照不宣。我環顧辦公室裡的一切，感覺自己的臉露出了那天的第一抹真正笑意。我笑並不是因為我不再悲傷，而是因為我再也不會獨自一個人悲傷。我舉起空酒杯，等著它斟滿，我知道一定有人會為我斟滿酒。寡婦姊妹淘永遠比我還早知道我需要什麼。

●

那個月結束前，航太總署公布了最新的系外行星發現：「克卜勒7b」（Kepler-7b）上有雲。發現者是瑞士籍的布萊斯和我的研究團隊成員，我是論文共同作者。早在二〇一〇年，克卜勒就發現了這顆行星。它是克卜勒最早發現的行星之一。它是熱巨星，半徑為木星的一．五倍，以非常接近母恆星「克卜勒7」（Kepler-7）的軌道運行。它的軌道週期是五天，位於天琴座，就在北半球最明亮的星星織女星（Vega）的附近。史匹哲和克卜勒望遠鏡用了三年的時間觀測這個神祕世界。

克卜勒7b一開始讓我們很困惑。它的西半球比東半球更亮，但我們找不出原因。或許它有自己的熱源和光源，又或許還有其他說法可以解釋這種不平衡的現象。於是航太總署改以史匹哲進行觀測。透過紅外線觀測的結果，我們發現克卜勒7b的溫度高達攝氏一千度，但它離母恆星非常近，溫度應該更高才對。經過推斷，我們認為西半球上空應該有雲層聚集，這個雲層會反射克卜勒7的熱能，如同地球的大氣會反射太陽的熱能，降低了地表的溫度。

然後藝術家繪製了克卜勒7b的第一張行星雲圖：東面黑暗而且有條紋，西面則覆蓋著綠色的雲層。克卜勒7b的溫度太高，生物無法存活，但至少我們窺見了它的面貌。僅僅幾個世紀之前，我們還在地圖上畫巨龍來標出海洋的邊界。現在，我們已經發現了一顆行星的天氣狀況，而這顆行星的母恆星所屬的星座，在古希臘人眼中看起來像是豎琴。

有時候，你會覺得人類的進步似乎毫無指望，尤其當你想起，人類會為了石油開採權自相殘殺，還用塑膠汙染了所有的海洋。但很重要的一點是，我們要花點時間欣賞人類的成果。這有助於我們相信，人類還是能夠向前邁進。

克卜勒7b的新聞公布時，我正在前往夏威夷的飛機上，用不只一種方式在高空翱翔。

那個名叫查爾斯的高個子男人，就坐在我旁邊。

●

查爾斯和我各自有贏不了的戰爭。他有老婆，但他們處不來，兩個人已經分居很久了。他們的婚姻之路漫長而痛苦，他睡沙發睡了五年左右。她一直說他是個失敗者，經過長年的洗腦，他照鏡子時看到的不是美，是絕望。他和另一個兄弟一起跟父親經營家族生意。他每天起床後就去上班，這份工作他做了一輩子。他每天在相同的路段塞車，卡在相同的十字路口。他解悶的唯一方式是在週末逃到泰尼，白天晒晒太陽，晚上抬頭仰望天上的星星，那是他心中的巨人。現在他即將邁入五十大關，他說：「我到底該怎麼做？」

麥克阿瑟獎金的大力挹注與天才頭銜帶來的傲慢，使我整個人輕飄飄的。查爾斯的生日是十月一日，五十歲。我邀請他和我一起去夏威夷。麥克斯與亞力克斯可以留在家裡，由熱心幫忙的瑞秋姑姑陪他們玩。我在夏威夷的時候可以工作一下，順便演講，讓這趟旅行名正言順一些。查爾斯和我可以待在毛納基亞（Mauna Kea），我可以打電話請朋友安排特別行程，帶我們上毛納基山天文台用望遠鏡觀星。不論查爾斯是否意識到，他其實給了我好多東西。他讓我明白，我有資格得到幸福、我有可能再度感到快樂。現在，輪到我回報他了。

查爾斯接受了我的邀請，然後我們並肩坐在飛越太平洋的飛機裡。相識以來，我們形成了一個默契，每次搭飛機之前傳送訊息給對方：假如我的飛機失事，而我沒有活下來，我其實一直想告訴你……我們從來不把句子寫完，對於沒說出口的部分心照不宣。然後，當我們抵達目的地之後，會再傳訊息：我的飛機沒有失事，所以我不必告訴你了。我每次看到都會微笑。自從我們認識以來，這是我第一次不需要傳訊息。

我們之間還是有另外一些心照不宣的事。我們的關係是朋友，所以我們住在不同的房間。我告訴自己：*我們是朋友、我們只是朋友*。而查爾斯從來沒有表現出任何看似修正這個想法的舉動。儘管如此，我依然興奮得發抖。我們可以沒有隔閡的聊天，即使只有短暫的時間。

我們住在海拔二千七百公尺高的天文台宿舍。這裡和明信片裡的夏威夷大不相同，這裡很冷，呼吸變得很困難。我在海拔高的地方總是變得更愛幻想，而這次，群山的魔咒更徹底的主宰了我。查爾斯和我去拜訪我的天文學家友人，他帶我們參觀天文台的望遠鏡，裡面的玻璃有地表最強的反射能力。

有種大氣現象非常罕見，以致有些人甚至認為它只是個傳說。我沒有親眼見過，但沒見過不代表它不是真的。那個現象叫「綠閃光」（Green Flash）。在對的條件下（平坦的地平線、不受汙染的天空，而陽光必須是熾熱的白色，不能是紅色），最後一剎那的陽光透過大氣與地球弧形邊緣的折射，看起來就是不折不扣的綠色。

靠自己一個人很難看見綠閃光，這正是我從未見過的原因。它之所以如此難以捕捉，是因為大家太想看見、卻又不知道要怎麼看見它。即使在日落時分，假如你盯著太陽看，強烈的陽光會使你失去視力。你需要一個夥伴，那個人願意為了你，犧牲自己看見綠閃光的機會。你要背對著太陽，讓你的夥伴看著太陽下沉，然後在對的時刻，就在太陽的光線徹底消失前的那一刻，犧牲自己的夥伴對你說：就是現在，睜開你的眼睛。

我打定主意要在夏威夷、在查爾斯的陪伴下，親眼看見綠閃光。我早早向他宣告了我的打算。我們抵達的第一個晚上，我們開車上毛納基山，從山上可以看見一望無際的海洋與地平線。陽光是白色。巨大的壓力使查爾斯看起來快要崩潰；他也非常希望我能如願以償。然而，綠閃光是強求不得的，你必須等它向你顯現。

我們站在山頂上。氣溫極低，我們用大衣把自己包得緊緊的，站在寒風中。在我此生所見過最美的夕照之前，我轉身背對夕陽，閉上眼睛。查爾斯面向太陽。我等著他給我信號，時間感覺好漫長，我努力的閉著眼睛。我可以感覺查爾斯在我的身邊，等待著，等待著，等待著，等待著。

「就是現在。」他說。我立刻轉身並睜開眼睛。

我看見了：綠閃光映照在我含著淚水的眼睛裡，完美而純粹的翡翠綠。我對查爾斯微笑，他也對我微笑。我們的心裡都有如釋重負的感覺。有那麼一剎那，我覺得自己獲得了新的視野。

●

十一月。每年的這個時候，晴朗的藍天與燦爛的秋日落葉會離開康科德，留下籠罩寒冷雨天、灰濛濛的世界。這個時期是我的心情最低落、最憂鬱，最容易陷入沉思的時候。我終於認知到，我已經把心給了查爾斯，做朋友已經無法滿足我了。我對他的分居狀態所知不多，我擔心自己太快產生太多期待。打從查爾斯出生以來，他幾乎都是在泰尼度過春季到秋季的每個週末。上中學之後，他就一直在家裡的公司工作。公司的總裁職位對他意義重大，他的好朋友也全和公司有關聯。假若他要和我在一起，就必須拋下他的前半生。

我看著烏雲密布的天空和光禿禿的樹枝，發現自己犯了大錯：我愛上了一個和我不同世界的人。那其實不是我的錯，愛永遠是無可責備的。既然我大部分的職業生涯都走在一條通往死胡同的路上，那我應該要警覺到，自己正飛奔向另一條死胡同。十一月的某個雨天早晨，查爾斯和我用視訊通話做出結論，我們無法繼續當朋友了。不論我們進展到什麼程度，都必須叫停。

我傷心極了。我那天早上在家裡工作，但我接下來必須到波士頓國家公共廣播電台（Boston NPR）接受訪問。在開車前往電台的路上，我打電話給瑪麗莎。我又踢到鐵板了。我的人生一團糟。我幾乎看不清交通號誌。我很肯定，瑪麗莎一定會重提她在國慶日給我的警告，不要對男人太認真，更不要對查爾斯太認真。但她沒有這麼做。她站在閨蜜的立場對我說：「人生本來就是一團糟，要有多一點的耐心。」她告訴我，即使我和查爾斯走不下去，其他的一切會好起來的。我對她說，事情只會變更糟，我正要去接受廣播電台的訪問。我要怎麼撐過去？瑪麗莎說：「至少你不是錄電視台的節目。」我抵達電台的時候還在哭，兩個眼睛又紅又腫。節目主持人和錄音師都嚇了一跳。我對他們說：「別擔心，沒有人出事。」

我的肩膀彷彿依舊擔著千斤重擔。我為什麼這麼難過？我不明白自己的這種感覺。為什麼？我們甚至沒有接過吻。真的，這次沒有人出事。

後來有幾位異性約我出去，我也接受了。其中一個對象和我上同一所蒙特梭利學校。他到波士頓附近開會，冒著滂沱大雨開車接我去吃晚餐。那頓飯吃起來不太像是約會，比較像是同學會。不過，我仍然是和男人在餐廳吃飯，所以那次約會還是有統計學的意義。他很帥、很聰明，而且很會說話，兩個女兒和麥克斯與亞力克斯差不多大。我們的共同點很多，包括童年的經歷。我們一定曾經多次在學校走廊擦身而過。我喜歡這些共同點，我真的很喜歡他。我很意外寡婦姊妹淘沒有出現在我的身後，對我大喊：「你還在等什麼？」

雖然他有種種的優點，但都不重要。我的腦海裡只有一個念頭一直在盤旋：他不是查爾斯。

十二月初，我必須到國會作證。我要和航太總署的瑪莉・沃特克（Mary Voytek）與國會圖書館的史蒂文・迪克（Steven Dick）這兩位專家，一起在眾議院科學與太空暨科技委員會（House Committee on Science, Space, and Technology）面前，說明我們尋找外星生物的任務，然後接受提問。不管是用什麼方法，我需要提供充分的理由，證明我們的任務充滿了希望。

委員會主席拉馬爾・史密斯（Lamar Smith）宣布會議開始之後，瑪莉首先上場，提出了令人鼓舞的最新發現。到那天下午為止，我們已經發現了三千多顆可能的系外行星。就在前一天，我們透過哈伯望遠鏡，在五個巨大系外行星的大氣中，發現了水蒸氣的跡象。巨大行星的天空裡有水氣雖然不代表那裡有生命，但代表一種進展。我們所看之處皆充滿可能性。

九十歲的眾議員雷夫・霍爾（Ralph Hall）是德州人，他剛展開政治生涯時是民主黨員，後來才加入共和黨。他的長輩式南方腔很有魅力。他看著站在證人台後方的我們，對我們三個人說，他這輩子從未見過如此大量的人類智慧聚集在同一處。他說：「我只是不知道該如何向我的理髮師或是鄉親說明，你們到底在說什麼。」

我們試著用淺白的語言表達，我們需要獲得長期的支持，我們想要盡力讓每個想要成為科學家的孩子，有機會看見他們的志向成真。我傳達的訊息主要是說，我們需要投資更多錢在更多更先進的太空望遠鏡，以及蔽星板計畫的價值。

雷夫・霍爾制止我的發言，問我：「你認為外太空有其他生物嗎？」

我說：「只要算一下就可以知道答案。」

他說他算不出來，這是問題所在。

他再次問我們：「你們認為外太空有其他生物嗎？」

瑪莉說：「有。」

史蒂文說：「有。」

我說：「有。」

●

幾個星期後，我前往瓜地馬拉，為一個星期的工作坊授課，對象是中美洲各國的天文學系學生。潔西卡與薇若妮卡會負責照顧麥克斯和亞力克斯。有一次，亞力克斯、薇若妮卡和我一起看電視轉播，為晉級世界大賽的紅襪隊加油。亞力克斯開心的說：「我們就像有四個媽媽。」（他把戴安娜也算進來。）我當下有點吃驚，因為沒有哪個媽媽希望自己的孩子認為他有好幾個媽媽。但一想到有這麼多人愛我的孩子，我的心裡充滿了感恩。愛永遠不嫌多。

我依然很怕離開兩個孩子。我對搭飛機的恐懼依舊不減。查爾斯和我完全沒有再聯絡。在飛往瓜地馬拉的航班起飛前，我決定傳給他那個訊息：**假如我的飛機失事，而我沒有活下來，我其實一直想告訴你……**

我盯著訊息好一會兒，然後按下傳送鍵。

從瓜地馬拉回家之後，我驚訝的發現查爾斯寫了長信。他的認知和我一樣：他知道，假如他選擇我、假如我們決定在一起，他的人生將一分為二，從此徹底改變。他也認為，我們不該繼續當朋友，或是建立超越朋友的關係，因為一想到要從一種人生跨越到另一種，他就覺得很害怕。現在，他決意要試試看。邁入五十歲大關不代表改變已經太遲，而是代表他已經沒有時間可以浪費。他已經跟他太太辦好離婚手續，現在搬進他弟弟家的地下室公寓。他也開始和他父親討論離開公司的事。(他父親後來對他說：「恭喜你！」他是真心為兒子高興。) 天文學會永遠可以找到繼任主席。他的所有職務一定可以找到人接替。他已經有了新的角色。

他說，**我不想到死都不快樂**。

許多喪偶的人後來都選擇不再讓自己的心有機會受傷。他們知道自己無法承受另一次打擊，所以他們把心收在鐵盒子裡，然後鎖起來。有很大比例的喪偶人士不再約會，即使與異性約會，也不認真，他們從不寄託任何期待或承諾。也許那是潛意識的保護機制，使他們不會再失去更多東西。假如不再愛任何人，心就不會再破碎。瑪麗莎有個男友曾說她「防衛心太重」。瑪麗莎意外到竟然打電話徵詢我的看法。她很少尋求我的忠告，因此我非常慎重的思考，該對她說什麼。我告訴她，我不會用「防衛心太重」來形容她。我覺得她開明、親切、有愛心，而且盡心盡力。她散發著源源不絕的光與熱。

掛掉電話之後，我繼續想著瑪麗莎的事。我很愛她，但我們是截然不同的人。寡婦姊妹淘的所有成員都不一樣；所有的寡婦都不一樣。對於相同的創傷，我們每個人的反應都不同，而且沒有對錯可言。寡婦姊妹淘的少數共同點之一是，我們誠實面對外面的世界，我們也誠實面對自己的情緒。只不過，我們的情緒會不斷變化，而且我們也不會用相同的方式，表達同一種情緒。

過去的我一度決定，終生保持獨身。我的孩子和我永遠不會離開寡婦俱樂部。我對有這種想法的人沒有任何意見，但我不想繼續這樣想。我始終認為，報酬與風險成正比。我的父親、麥可與湍急的河流以及加拿大北方的湖泊、我的兩個孩子、華盛頓山與大峽谷，所有的一切都教我明白了這個道理。

最重要的是，宇宙和星星也教我同樣的道理。奇蹟不會無中生有，而是執著的人憑藉強大的意志力創造出來的。我失去的東西有時會蒙蔽我的信念，尤其是對我自己的看法，但現在，我的視線變得清晰，我的心裡充滿勇氣。在未來的人生，我寧願承受痛苦也不要毫無感覺。父親曾在多年前告訴我，不要依賴男人。他說，只有父親的愛是沒有限度的。但是，假如我不再戀愛，怎麼會知道男女之間的愛能有多麼偉大？我寧可心碎，也不願一輩子心如止水。那是查爾斯教我明白的事。

查爾斯問我，是否願意在新年後和他一起去倫敦玩。我聽見自己回答：「我願意。」我願意，我願意，我願意。

•

那年聖誕夜，麥克斯和亞力克斯上床睡覺後，我坐在餐桌旁，拿出一張我們家專用的奶油色卡紙。藍色草寫體的「西格家」字樣以浮雕方式，印在紙張的右上角。我拿出筆，在左上角寫上日期：二〇一三年十二月二十四日。我寫信的對象是D醫生，麥可的腫瘤科主治醫生。雖然我現在已經很少崩潰了，但節慶對我來說還是很難熬。只要稍微看見、甚至想像起別人的快樂，仍有可能使我觸景傷情。我花了一點時間整理自己的思緒，然後開始下筆。

正當你與家人歡慶聖誕時，我和我的孩子度過了第三個沒有麥可的聖誕節。

接下來我開始發洩，一一細數他的罪狀，不是因為他沒有治好麥可，而是因為他所做的事對麥可造成傷害。三年前，你堅持要進行第三類化療，而那種化療的成功率是〇・〇〇〇〇〇〇〇〇%。後來當我知道，你做那個決定是因為你擔心在患者過世後，家屬會抱怨你沒有盡一切努力，你只關心你自己，這讓我非常震驚。我原本希望能和麥可有始有終，以我們剛認識時的相處方式共度我們最後的時光。我原本希望麥可在過世時，覺得自己是個強而有力的人。我只希望在病魔帶走麥可之前的一個月，他可以不必做化療，讓我能夠和他一起好好度過那一個月。我希望麥可覺得自己打敗了癌症，不是基於他活了下來，而是基於他不必遵從癌症的指使過日子。但事實並非如此。你毀掉了麥可和我僅剩的寶貴相處時光。某部分的我還是很氣憤。某部分的我可能會氣憤一輩子，但我希望自己試著不要再生氣了。我振筆疾書，告訴那個醫生，現在由我作主。一切歸我管，不是他，不是癌症，不是這個宇宙。而是我。

你欠我一個道歉，我還在等你道歉。

我看著桌上的那張紙，看了很久。我心中的苦毒已經宣洩出來了。所有的痛苦、所有的傷痛、所有的悔恨、每一絲苦楚與憤怒，我都傾洩在那張紙上了。

我始終沒有寄出那封信。

第二十章

期末報告

二〇一四年的第一天，查爾斯和我約在倫敦光鮮亮麗的希斯洛（Heathrow）機場大廳碰面。這次的跨年夜我沒機會暗自傷心。我的飛機先到，我等了一會兒，我們在入境大廳會合。我們已經無法回頭了。晚上我們一起到餐廳吃飯，就像第一次談戀愛的青少年互問彼此一樣，我問他：「我們是男女朋友嗎？」對於我們的關係與未來，我需要明確的答案。

查爾斯說：「是的。」

「你確定嗎？」

「確定。」

我們還是訂了兩間房，我也不知道為什麼。或許是出於習慣，或緊張，或得體合宜的考量。我們兩人都覺得有點焦慮和頭暈，不過不是時差造成的。我們剛展開行程時，有一次我發現查爾斯盯著我看。他說：「你真的很美。」同時讚美我的身材。他說，他從來不曾注意到這件事，我的身材是個令他驚喜的新發現。我們基本上是在二維世界愛上彼此。直到現在，他才意識到我不是想像中的人物，我是真實、具體的存在。我們還可以碰觸彼此的身體，那種感覺應該很好。

我們一起展開倫敦壯遊。查爾斯帶我去格林威治皇家天文台（Royal Observatory in Greenwich），本初子午線（Prime Meridian Line）把它分為東西兩半。我們在鐘屋（Clock Room）

逗留了一會兒，欣賞計時與星圖的演進史。我們站在這裡，看著滴答滴答準確運行的時鐘，不確定屬於我們兩人的未來要如何或是從何處展開。

一月的第一個星期，倫敦展現了典型的英倫天氣：又濕又冷，濃霧籠罩。我身邊的查爾斯感覺像是火團。雖然置身於喧譁忙亂的世界首都，我的視線總是離不開查爾斯。但我們之間還存有一絲不確定的感覺，那是一種不敢置信的遲疑。

有一天晚上我們外出用餐，美食、美酒和周遭氛圍形成的絕妙體驗，我知道它將成為永生難忘的回憶。然後，查爾斯帶我在深夜的倫敦街道散步。路上空蕩蕩的，此時唯一聲響，是我們的靴子踩在鵝卵石地面的聲音。我們轉過街角，走出薄霧，我發現我們就站在白金漢宮（Buckingham Palace）前面。我不知道我們怎麼來到這裡的。

查爾斯說：「你是我的公主。」

他吻了我。

等待是值得的。

後來我們各自飛回家，對於接下來的事沒有任何打算。查爾斯打電話留下最窩心的留言，同時尷尬得很可愛：「我們應該做一些計畫。我們一起做些規劃吧。我……嗯，我在想，或許你會想來多倫多？還是我去找你？」

我們兩樣計畫都完成了。我先去多倫多看他，並去見他的父母。接下來，我邀請他來康科德看我，我想讓他見見我的孩子。麥克斯已經十歲了，亞力克斯八歲。查爾斯知道我們母子三人相依為命。他希望讓兩個孩子留下好印象。我對於他們的第一次會面有很多期待，連亞力克斯都察覺到我的心情。亞力克斯拿出一大冊他覺得查爾斯應該會喜歡的艾雪（M. C. Escher）畫作，攤開在他們兩人的膝上，和查爾斯一同欣賞錯視藝術。我收藏著他們三人那天晚上留下的合照，直到今天，我還是能清楚感受他們見面時的緊張凝重氛圍。

二月，我用累積的大量飛行里程兌換了豪華的波士頓海港飯店（Boston Harbor Hotel）一夜免費住宿。兩個孩子留在家裡，由潔西卡照顧。查爾斯和我外出吃晚飯，然後他開始用一種令我困惑的方式談論未來。他的考量長遠而明確，就像我談論未來太空探索在各個階段的方式：這一個，然後是下一個，然後是下下一個。他提到夏天的時候兩個孩子和我可以到泰尼去玩，住在他的度假屋，生火烤熱狗來吃。或許他可以讓他們看海平面上的綠閃光。他也做好了秋天的計畫，還有冬天，然後是還沒到來的春天的下一個春天。

「查爾斯，我們才剛剛開始約會。一般人不會這麼快就開始談這種事，太早了。」

查爾斯低頭看著桌面，我開始擔心自己是不是惹他不開心了，因為我經常把最好不要說出口的話說出來，結果惹得別人不高興。事實上，他正非常勇敢的做他這輩子最需要勇氣做的事。

他抬起頭，對我說：「這件事我想了很久，莎拉，你願意嫁給我嗎？」

查爾斯就這麼說出來了。沒有前言，沒有注腳或附錄，沒有他常說的笑話，沒有猶豫。他的態度直接、清楚而且確定。他已經沒有時間可以浪費了。

我也沒有。

「我願意。」

隔天回到家，我告訴麥克斯和亞力克斯這個出乎意料的大好消息：「查爾斯昨晚向我求婚，我答應他了！」從我口中說出這句話，感覺有點怪怪的。對我來說，這個消息好到令人難以置信。但這個消息在亞力克斯耳中聽來並非如此。他說：「你說什麼？」他的語氣既驚訝又生氣，彷彿我在告訴他一件他不願相信的事。「你應該先徵詢我們的意見！」我一直小心翼翼的處理麥可的死和相關的事情，決定哪些需要讓他們知道，在什麼時候讓他們知道，以及哪些他們不需要知道。此刻，我覺得自己之前的周全考量好像全都毀於一旦。那是我第一次覺得愛沒有使我小心謹慎，而是使我變得魯莽。

隔天我下班回到家，時間已經很晚了。那天晚上有薇若妮卡照顧他們。我上樓去看兩個孩子。我聽見亞力克斯在床上低聲啜泣。同房的麥克斯已經睡著了，貼心的亞力克斯努力隱藏他的悲傷。他懂事的壓低聲音，使我更加的不捨。

我坐在他的床緣，輕聲問他：「寶貝，什麼事讓你難過？」

他說：「我的人生就要改變了，我不想改變我的人生，我喜歡我現在的生活。」他已經做過大人世界的沙盤推演，他擔心我們再也不會和寡婦俱樂部的人來往；我們再也不會一起去旅行；潔西卡、瑪莉和弗拉達以及其他夥伴再也不會和我們一起住或是旅行。這些朋友把我們人生中的空缺位置都填滿了。查爾斯的加入意味固有成員會被擠出去。

我告訴亞力克斯，我們的生活會發生變化，但變化不會發生得很快，也不會變糟。他愛的人都不會離開。有個他將來會愛上的人即將加入我們。我們現在的日子很美好，有查爾斯陪伴的日子會更美好。

我所說的話連我自己都不相信。我覺得自己好像犯了大錯。假如孩子們無法像我一樣看見查爾斯的好，我的立場將會非常艱難。我無法在他們之間做取捨。我必須期盼，萬物會自我修正、事情會順利發展。我決定相信查爾斯、我的兩個孩子，以及他們愛人與被愛的能力。

我對自己說：「我們拭目以待。」

那年四月，團隊發表了蔽星板計畫期中報告。我們有相當好的成果。人們不再把蔽星板計畫視為不可能實現的事。一些曾經批評得最猛烈的人，現在也認同我們了。頭幾次開會時，有些航太總署官員的肢體語言透露出他們對我的不以為然。現在，他們一看到我就眉開眼笑。我不再是傳播愚蠢思想的瘋子；我是來自神奇未來的大使。

未來還有很長的路要走。為了幫我們寄予厚望的美麗機器解決科學與技術方面的問題，我那六次按照規定要出的差，也已經完成了一部分。噴射推進實驗室的工程師設計出最後的版本：一朵美麗的花，中央為直徑十二公尺左右的圓盤，四周圍繞著七公尺長的花瓣。蔽星板的硬體製造精準度誤差範圍只有數百微米，那意味我們的挑戰有很大部分來自製造能力。我覺得我們應該可以克服。鋁合金雛型花瓣已經做出來了，而且效果似乎不錯。當我看見這些花瓣從花苞綻放成花朵，我的內心激動不已。伸手觸摸它的體驗非常特別。我們把花瓣收攏，然後再展開，最後決定加一套系統機械墊片組，在脆弱與強韌之間取得平衡點。當蔽星板進入太空後，我們成功的機會只有一次。祈求禱告是沒有用的，我們必須有確切的答案。

另外，我們還是有一些問題需要解決。其中之一是太陽的光亮。太陽的光也會照到蔽星板，在某些角度下，「太陽反輝」（solar glint）會從花瓣的邊緣反射，干擾我們得到的影像。另一個設計上的巨大挑戰，是找到方法讓蔽星板與相距遙遠的太空望遠鏡協同運行。蔽星板與望遠鏡相距數萬公里，我們鎖定的母恆星、蔽星板與望遠鏡必須精準的形成一直線。此外，蔽星板還要能夠移動位置，並且一再完成這樣的對齊舞步。由於蔽星板需要的編舞可說是人類歷史上最複雜的版本，加上移動位置需要使用燃料，而燃料具有質量。使得這套設備在使用年限內（或許也是我的有生之年）能夠觀測的星系數量，已經刪減為二十多個。

我對計畫的成功機率相當樂觀。儘管起初需要磨合，但我們這個委員會已經達成了無可否認的默契與目標一致的節奏。我幾乎可以看見羈絆形成的過程。

我也覺得我的私生活逐漸變得愈來愈完整。查爾斯每隔一週會來康科德度過週末。我們兩人也許很快就知道我們需要對方做哪些配合，但是我們讓這個轉變過程慢慢的發生。回顧那段過往，那幾個月的探索期促使我思考，當我們與外星生物初次接觸之後，我們接下來該如何接近他們。人類之前把太空人送上月球時，採取了謹慎的做法。當那些太空人回到地球後，我們讓他們待在海洋中央的船上，進行隔離檢疫。以防有害物質藏在來自月球的塵土裡。當我們找到外星生物存在的證據後，我猜，我們應該會花時間好好思考，那是不是我們想要了解的生物。

我和查爾斯的情況也是如此。我們知道我們彼此相愛，我們之間的化學作用顯而易見。但是對於要如何達到那個契合的終點，我們都小心翼翼。最重要的是，我想要確定麥克斯和亞力克斯也和我一樣快樂。

因為我真的很快樂。查爾斯聰明、搞笑又充滿好奇心。當我覺得壓力很大、體力透支時，他總是能逗我笑。他非常支持我的工作，而且不會問太多問題。他從來不問我以「為什麼」開頭的問題。他知道我為何在乎星星，以及那份愛可能代表的意義。他明白用望遠鏡看星星會使人產生什麼感覺，那些和巨大與渺小，知識與奧祕有關的感覺。他也了解，我需要為我們共同熱愛的事付出多少心力。他不問太多問題，是因為他知道我很多時候也沒有答案。他知曉宇宙的浩瀚無窮。

查爾斯在生活上對我也很有幫助，他的手很靈巧，擅長使用各種工具。有些工作多年來一直停留在我的待辦清單上，他只要花一個小時就能搞定。廚房是我的天敵，他卻能從我家廚房變出美味的三餐。他對我說：「我想讓你成為多重宇宙裡最幸福的女人。」我決定讓他試試看。當我發現他可能辦到時，我經過了一番小掙扎，才接受這個事實。

一開始，我還在想五金賣場的員工會不會想念我。我剛開始學會自立自強，而我喜歡這種感覺，把一些小事做好的成就感。我不一定喜歡做家事，但我喜歡做完家事的感覺。我想，我從做家事得到安全感：沒有什麼事能難得倒我；我一個人也可以活得很好。但是每當查爾斯把晚餐放在我面前，看到我露出微笑後也對我報以微笑，每當我回到家之後發現冰箱是滿的，或是積雪已經鏟掉，或是煙霧偵測器的電池已經換新，我就多接受一點查爾斯想要給我的東西。他想要給我不一樣的平靜安詳。讓自己覺得完整的方法，不只一種。

麥克斯和亞力克斯後來終於和我一樣深深愛上了查爾斯（幾乎啦）。他們發現，當我和查爾斯在一起時，我會變得快樂很多，這代表有查爾斯在的時候，他們也會比較快樂。查爾斯來我們家過週末兩、三次之後，亞力克斯某天把我拉到一旁，對我說：「查爾斯最快什麼時候可以搬來我們家住？」不久之後，亞力克斯又問我，查爾斯從事什麼行業，我告訴他，查爾斯在家族事業工作。亞力克斯仔細的做筆記。很顯然，孩子們在學校有時會聊起父母的事，而亞力克斯很討厭別人問起父親的事情時，他必須沉默以對。那年春天，亞力克斯忍不住開始催我：「你和查爾斯最快什麼時候可以結婚？」他的生日過夜派對即將到來，他想要以「這是我爸」把查爾斯介紹給他的朋友認識。

在家庭和職場，我兼顧的這兩份工作基本上非常相似，而兩者的截止日都快到了：我要設法把一堆不太可能湊在一起的元件，打造成優雅的機器。我知道我需要什麼，包括蔽星板計畫同事的需求，以及我家人的需求。現在我必須盡全力提供最優美的解決方案，滿足這兩方面的需求。這兩項任務的核心，都是把不太可能湊在一起的東西結合起來。唯一的差別是，其中一項任務的目的是把光遮住，另一項任務的目標是讓光進入。

●

那年十二月，噴射推進實驗室為我設計了一張星際旅行海報。我覺得非常棒，於是他們決定設計一系列海報。這些海報的風格復古，像是早期推廣穿越「神祕東方」的旅遊海報。時至今日，我們的目光已經轉向更有前瞻性的地方。這些海報大受歡迎，於是實驗室開放網路下載，結果需求量太大，使網站大當機。

有些海報的主題是太陽系行星。金星那張畫了一個飄浮在雲海上方的天文台。木星那張則是熱氣球之旅，帶你近距離欣賞壯觀的極光。還有一張是穀神星（Ceres），它是小行星帶中最大的天體，也是前往木星之前最後的補水站。另一張海報是木衛二（Europa），在結凍的冰殼之下，或許有生命存在。（我們可能永遠無法看見比它更遙遠的衛星，但如果你把衛星納入可能居住的地方，那麼外星生物存在的可能性就更高了。）我認為，地球那張海報也非常重要，海報中有一對男女太空人坐在原木上，欣賞眼前的湖泊、高山和樹木。我們猜想，這是外星人第一次看見地球的情景。

但我最喜歡的是「系外行星旅遊局」（Exoplanet Travel Bureau）系列海報，這些海報大力推銷我們剛認識的新世界。其中一張是克卜勒 16b（Kepler-16b）與它的神奇雙母星，上面寫著「你總是有兩個影子」；海報畫了一個未來的探險家站在兩塊岩石之間，他的身後有一對拉得長長的影子。還有一張是克卜勒 186f（Kepler-186f），鮮紅色的大地上有一道白色柵欄，底下有一行字：「另一邊的草地總是比較紅」。Trappist-1e 是七個岩石行星的其中之一，又視為星際旅行的中途站。HD 40307 g 則描繪成高空跳傘者挑戰超級地球地心引力的地方。甚至連處於永夜、遭到液態鐵風暴襲擊的流浪行星 PSO J318.5-22 也有海報，海報上一對盛裝打扮的男女，手挽著手，來到了這個「夜生活永無止境」的所在。

我把這些海報印出來，裱框之後掛在辦公室外面的牆上。我很喜歡在每天上下班的時候經過這些海報。我今天也把它們欣賞了一遍。我看著海報，在裡面看見了查爾斯和我。

●

某個星期三下午，克莉絲到麻省理工學院找我。我按照平常的習慣，一邊一件又一件試穿克莉絲帶來的時尚衣服，一邊和她聊著孩子、工作與暑假的計畫。我通常會買一、兩件，而她總不忘提醒我，我還是太常穿黑色的衣服，並且應該把我的登山靴燒掉。我反駁她說，黑色的衣服最好搭配，而且我幾乎不太穿登山靴了。每當我想到要穿登山靴，彷彿就會聽到她用嘲弄的方式提出抗議。

事情忙完之後，我送克莉絲去停車場開車（順帶一提，她的箱形車是黑色的）。她抓住我的手臂，用非常認真的眼神看著我。這不是她平常會做的事。

她問我：「再次找到你愛的人，是不是代表不會再感到痛苦？」

我不知道如何用語言回答她，我唯一能做的，是對她搖搖頭。

那天晚上我夢到麥可，和我平常做的夢差不多：他在離開很久之後重新回到我的生活中。這一次，他是因為昏迷而離開。但這次有一點不同：我已經找到查爾斯了。我告訴麥可，我和我愛的男人訂婚了。麥可對我說，他能了解（他的態度很平靜，甚至可算是通情達理），但我必須結束這段感情，我們必須回到過去的生活。

我驚醒過來。我意識到，在和查爾斯結婚之前，我必須用把門大力關上的結束方式來與麥可道別。我強迫自己想像麥可回來找我，就像夢裡一樣，然後我要做我該做的事：告訴他，我選擇了查爾斯。我必須以想像的方式與麥可分手，一次又一次的分手。當我搭火車凝視著窗外的景色時，我想像自己與麥可分手；當我在辦公室工作時，我想像自己與他分手；當孩子們上床睡覺，只剩下我還醒著時，我想像自己與他分手。我每次都說相同的話：「麥可，我選擇了查爾斯。」

我沒有把這個想像中的對話告訴任何人。我甚至沒有對寡婦姊妹淘說，因為我知道，其中有些人會強烈反對我所做的事。她們有些人認為，不論你的生命中有沒有別人加入，你和亡夫的婚姻關係永遠存在。但我很清楚，假如我不和麥可切割關係，就永遠無法與查爾斯相守。你愛的人過世時，你沒有離開他，而是他離開了你。你的愛陷入進退兩難的狀態，卡在這個世界與下一個世界的夾縫中：你不斷把你的心獻給一個已經無法回應你的愛的人，同時拋棄了可以回應你的愛的另一個人。

幾個月之後，我又夢到了麥可。他愈來愈少進入我的夢中。這次他坐在輪椅裡，下半身癱瘓。他遭遇意外事故，花了好幾年的時間來復原。不過，他的精神看起來不錯。他的頭髮回復到紅色，不再是做過化療的那種灰色。在看見他的人之前，我先聽到了他發出的聲音，他正在屋子裡翻箱倒櫃，在找某個工具。當我看到他時，他的焦躁似乎不太尋常，他有事情瞞著我。

然後我看見了一個我沒見過的女人。她比我年輕，有一頭和麥可一樣的紅髮。她算是好看，但稱不上大美女。她正在幫麥可弄某個機械裝置，好讓麥可能夠划獨木舟。這在我看來是很合理的舉動：划獨木舟時不需要用到腿。在現實生活中，我早已慢慢的把我們的獨木舟處理掉。我把戴格競爭者和家庭用的迅捷育空號（Swift Yukon）捐給麻省理工學院的戶外活動社；我想把那兩艘船留在附近，以防我哪天心血來潮，產生想要划船的衝動。其他的獨木舟我都處理掉了。但在夢中，我能理解麥可為何仍然想要划船。划船的時候，他可以變回過去的自己。我的心中有小小的驚訝（哦，好吧，你已經放下過去、向前邁進了），但基本上，我為他高興。沒有誰傷害別人、也沒有誰被傷害。沒有誰是孤伶伶的了。

然後我就醒來了。就是這樣。那是我最後一次夢到麥可。從此以後，我再也沒有見過他。

●

二〇一四年的夏天，寡婦姊妹淘最後一次一同慶祝父親節。克莉絲在萊辛頓主辦這個活動。不是所有的姊妹都出席，也幾乎沒有小孩參加。麥克斯與俱樂部的一個男孩聯合起來和亞力克斯作對，結果亞力克斯被他們弄哭了。我帶查爾斯來認識其他的姊妹，但我們的時間很匆促，因為查爾斯要趕著去搭返回多倫多的飛機。大家的時間湊得有點勉強。那次活動是我們最後一次的正式聚會。在那之後，我們都是在公園或是大賣場巧遇，才會見到面。不久前，我會在一個月之內遇見了所有人（只有一個人除外），那是意外的驚喜。每當我見到她們，我總是很開心，但是這種不期而遇似乎帶有一絲愧疚。她們覺得她們好像應該更努力安排見面的機會。

瑪麗莎是唯一與我經常見面的人，我們差不多每個星期會碰一次面。她依舊是我的閨蜜，雖然我知道她還有其他的好朋友。我也偶爾會見到克莉絲，但已經不像從前那麼頻繁了。我有時會在前往波士頓的火車上遇見瑪麗莎，或是在早晨遛狗時與她相遇，每隔一段時間，我們會一起去做指甲。她會把生活近況說給我聽，我也會追問她最近交往對象的狀況。我會告訴她，我們最近發現了哪些行星。她依舊會幫我解決問題，只不過，我問她的問題已經不像從前那麼大條了。和她在一起的時候，我總是止不住微笑。

我們這群姊妹淘開始漸行漸遠。我猜，那是因為我們的生活變得愈來愈不同了。我們各自回歸不同的正常生活；時間的流逝使我們的差異逐漸浮現，使我們的相異點顯得比相似點更多。我們都回歸喪夫之前各自在忙的事。瑪麗莎回到波士頓金融區的富達投資（Fidelity）上班。克莉絲已經順利創業，為室內設計的工作忙得不可開交。有時候，某個人會主動約大家一起吃晚餐。我有時候也會這麼做。每次都會有幾個人參加，但所有人湊齊的情況再也沒發生過。假如在我們最後一次齊聚一堂的時候，你把我拉到一旁告訴我，那是我們所有人一起共度的最後時光，我可能會以為你指的是，我們當中有人即將出事、我們當中的哪個人會死掉嗎？但情況並非如此。我們之間沒發生任何悲劇，也沒發生什麼大事。我們只是打電話的次數變少了，電郵少發一點了。不再有人買盆栽送人。我們家裡的植栽都夠多了。有些人交了新男友，有些人沒有，有些人從來不嘗試。我們一點一點慢慢疏遠了。我們一開始之所以聚在一起，是因為我們失去了摯愛的人。

走出喪偶之痛後，我們似乎就不需要湊在一起了。

某天，查爾斯向我提出建議，或許該說是要求。他不喜歡我到現在還把這群姊妹稱作「寡婦」。

他說：「你應該稱她們為朋友。」我都是以朋友來稱呼向我伸出援手的其他人，不論是我的學生或是家裡的幫手，我都稱呼他們為朋友。至於以倖存者的身分來稱呼，是我逐漸復原的證據，也是精準的描述。在我的心目中，我和那些姊妹依然是寡婦。

也許將來有一天，寡婦姊妹淘（我的朋友）的所有成員會再度齊聚一堂。在內心深處，我知道她們依舊隨時會向我伸出援手，我也會向她們伸出援手。一開始我還會想，她們會不會像我遇到的大多數人一樣，帶著功利主義與交易的心態交朋友，將彼此視為達到某個目的的工具。寡婦姊妹淘能夠分擔我的悲傷與痛苦。布萊斯、弗拉達和瑪莉這些博士後研究員與學生，能為我帶來希望。潔西卡、薇若妮卡、戴安娜、克莉絲汀是我找來的幫手，她們能幫我減輕生活的重擔。那是他們一開始存在的意義。我一開始與他們建立關係，是因為他們每個人都有某種功能。但他們所有人後來都對我產生了不同的意義，就像我對他們的意義也不再相同。我們的互動不再是基於需要，而是想要：我想要和他們在一起、我想要幫助他們、我想要聽他們說話。

假若寡婦姊妹淘仍是某種工具，她們會比我所想像的工具更美麗、更精準，她們是一套閃閃發亮的六分儀與羅盤，幫助我在迷途中找到方向，幫助我走出喪夫之痛，引導我度過下半輩子。在許多方面，我們都朝著自己的未來各自前進。但有時候我仍然會想著她們，站在她們的立場等待著。我也會想到，她們圍繞在我身邊是種多麼棒的感覺，以及她們的光芒所散發出的溫暖，還有她們握在我手心的重量帶給我的安心感受。

●

二〇一五年三月，團隊發表了蔽星板計畫期末報告。總共有一百九十二頁，裡面有滿滿的圖表、試算表和插圖，但所有的內容可以濃縮成一句話：我們知道怎麼做出來。我們一同解決製造過程中遇到的每個障礙，或是想出解決方案。由於團隊的共同努力，蔽星板計畫成為航太總署正式的技術專案。那代表航太總署會真正投資大錢在這項計畫上。蔽星板可以化為實體。它是一朵花，中央是個巨大的圓盤，四周有二十八片尖頂花瓣：它比較像是孩子畫筆下的太陽，而不是一朵向日葵。我很確定，若要直接拍攝系外行星的影像，這將是最好的方法。不只是某個繞著熾熱紅矮星運行的系外行星，還可能是另一個繞著太陽運行的地球。在我看來，蔽星板是全宇宙最美的太空飛行器。

比起哈伯和克卜勒所拍攝的影像，蔽星板可以幫助太空望遠鏡看見截然不同的風景。想想哈伯和克卜勒讓我們看見的東西。現在只要我們想要，我們可以做到更多。在那份期末報告中，我最喜歡的部分落在結尾，關於前後對比的巨大差異、關於蔽星板能夠使太空望遠鏡的視野產生多麼巨大的變化。蔽星板出現之前，望遠鏡會因為母恆星的強光而看不見任何東西。然而，蔽星板可以製造近乎完美的黑暗。母恆星就像是一團吞噬一切的烈焰，而我們找到了方法，將它像蠟燭一樣吹熄。

到目前為止，我們的支出為六億三千萬美元，遠低於十億美元的預算，前提是我們讓蔽星板與某個已經存在的太空望遠鏡配對，或許是預計在二〇二〇年中發射升空的廣域紅外巡天望遠鏡（Wide Field infrared Survey Telescope, WFIRST，在二〇二〇年五月二十日改名為羅曼太空望遠鏡，以紀念第一位女首席天文學家羅曼〔Nancy Grace Roman〕）。我們知道，這仍然是一大筆錢。六億三千萬美元可以買很多其他的東西。美國空軍打算用一百架突襲者轟炸機（B-21）取代現有的匿蹤轟炸機（Stealth bomber）機隊。二〇一七年，國會預算辦公室（Congressional Budget Office）為這項計畫編列了九百七十億美元的預算。換句話說，假如我們少造一架突襲者轟炸機，把預算用來製造蔽星板，還可以省下好幾億美元。站在國家的立場，站在人類的立場，我們需要好好思考，我們想要的是什麼樣的未來。什麼事情對我們是重要的、什麼是不重要的？我們想完成什麼成就？我們希望後人記得我們什麼事？

這份報告必須以溫和且學術性的語言表達。我們寫道：「系外行星任務研究是一次概念驗證，證明利用已證實的技術，進行低風險、成本取向、預算十億美元的『探測級』任務，能夠促成開創性的系外行星科學發展。這項任務是重要一大步，為我們直接揭露地球附近的行星系，如果夠幸運，我們就能找到和地球一樣小的行星……我們誠摯的希望，這個研究的結果有助於未來研究適居系外行星的成像任務的設計。」

我的真實生活就沒那麼溫和了，這是我喪夫之後一直保持的美德之一。蔽星板計畫結束後，我又重回凌日系外行星巡天衛星團隊，協助麻省理工學院開發廣角掃描太空望遠鏡。麥可剛過世時，那個計畫對我來說負擔太過沉重，現在，與蔽星板計畫的許多挑戰相較之下，它顯得相對容易。這兩項計畫的差別在於，凌日系外行星巡天衛星是個已經在進行的計畫，它會在二〇一八年四月發射升空。（我在二〇一六年到二〇二〇年擔任這項計畫的代理科學總監。）看到它在實驗室逐漸成形，使我更加迫切渴望蔽星板能真正做出來。既然其中一個可以做出來，另一個為何不行？蔽星板有什麼理由不能化為實體？

我借了一個蔽星板的小尺寸模型，在沙漠進行測試，又借了一個實際尺寸的花瓣模型。我把這兩個模型分別放進黑色旅行箱裡。這兩個旅行箱身經百戰、傷痕累累。我把這些模型帶到教室、機場和演講廳。我想讓人們知道，我們要如何以從未想像過的方式，更徹底的探索這個宇宙。我們可以證明地球並不是唯一有生命的行星。這些觀念孩子們幾乎一聽就懂，但有些大人反而聽不懂。大人的想法太多，以致有太多理由不去相信，所以他們經常否定與拒絕。孩子們對我們有更多的信心，所以他們總是贊同與支持。

●

期末報告發表幾個星期之後，我和查爾斯結婚。我們去拿結婚許可證時，問了市府員工，她能不能幫我們證婚。她可以幫忙，但儀式必須在辦公室以外的地方進行，還要等她下班。她告訴我們，可以考慮到對面的公園舉行儀式，於是我們決定去那個公園看看。那個公園完美極了，裡面有一座小橋，跨過了遍布康科德的小河。這裡將是查爾斯和我一同展開新生活的地方。

當然，瑪麗莎幫忙我挑選新娘禮服。她也幫我請她的朋友吉姬來當攝影師，就是為雀兒喜・柯林頓的婚禮操刀，同時幫我們拍網路交友大頭照的吉姬。我想要擁有一些能夠拿在手裡的愛的證明。我們結婚的日子在春天，那天的氣溫很低，但天氣晴朗，彷彿全世界的新生命即將綻放。我化好妝，穿上禮服，往公園走去。在場的人只有為我們證婚的公務員、吉姬、查爾斯和我。這就是我們想要的婚禮。我和查爾斯向對方說了簡單的誓言，真誠表達我們的愛與承諾，在笑淚交織中完成儀式。在我看來，查爾斯和我拯救了彼此。儀式進行的過程中，我的大腦一直自問：這樣的機率有多高？我怎麼找到查爾斯的？他又怎麼找到我的？我覺得自己是地球上最幸運的人。直到現在我依然這麼認為。覺得遭到詛咒這麼久之後，能夠感覺自己得到祝福，是一件幸福的事。

儀式結束之後，我們到幾個街區之外的餐廳與瑪麗莎會合，她與麥克斯和亞力克斯在那裡等我們。薇若妮卡也來了。瑪麗莎帶頭用香檳祝酒。她對我們說，真愛幾乎不可能找到，找到另一個地球應該還比較容易。我也知道，在漫長難熬的那一天，能在山上遇見瑪麗莎，是多麼幸運的事。

兩個孩子抱著查爾斯不放。他們對查爾斯說，他穿西裝看起來帥呆了，而他們卻對我的漂亮白色禮服和化得美美的妝視若無睹。我的意思是，查爾斯看起來確實英俊瀟灑，不過，拜託，害羞的新娘在這裡耶！

亞力克斯迫不及待的提出他在心裡放了很久的問題：「我們現在可以叫你爸爸了嗎？」在場的大人都哽咽了，瑪麗莎感動得掉下眼淚。

查爾斯回答：「可以，當然可以。」

然後亞力克斯問說，他能不能喝一點香檳，於是查爾斯倒了一點給他。

亞力克斯喝了之後發表心得：「我覺得頭暈暈的。」

我說：「查爾斯！你居然第一天當爸爸就讓你的孩子喝醉了。」

亞力克斯一遇到耳根子軟的人，往往就會得寸進尺。喝了香檳和沙士之後，他又說，他能不能提出一個請求。

查爾斯告訴他：「當然。」

「你知道那家冰淇淋店——」

此時我不得不出手了。「我們該回家了，孩子們。」

查爾斯和我在康科德市中心的小型飯店度過新婚之夜。隔天起床後，我們一起到市政廳拿我們的結婚證書。我們把證書拿在手裡走回家，那張結婚證書證明，我們即將展開新的人生。

●

不久之後，我們提出了另一種申請文件，讓查爾斯領養麥克斯和亞力克斯。我們想要讓他成為名正言順的父親。芙瑞雅幫我們準備法律文件，她是我想要剪頭髮時不小心找到的律師。芙瑞雅兼具寡婦與律師的身分，雙倍好用。她沒有機會逃走，我也絕不放她走。

我們必須到劍橋的家事法庭完成手續。麥克斯和亞力克斯穿上了人生的第一套西裝，雖然有點不合身，但他們看起來帥極了，像兩個小大人。查爾斯則是英俊帥氣的中年大人。即使在冬天，他的皮膚還是一樣黝黑。我還是很喜歡看著他的潔白衣領，襯托出他那有稜有角的下巴。氣象預報說，那天會有大風雪，降雪量會達到窗台的高度。我們不想冒險錯過早上的法庭出席，於是我們那天晚上住在市區的飯店裡。我們隔天早上起床時，發現夜裡只下了薄薄一層雪，而且雪很快就停了，老天爺賞給我們一個美好的冬日晴空。大風雪沒有來。

芙瑞雅帶著她的見習律師與我們在法庭會合。在這個重要的時刻，法官與法警是唯一的見證人。家事法庭通常是個充滿煎熬的地方，大多數的人因為家庭破碎來到法庭，並且需要陌生人的幫忙才能解決彼此的分歧。那個地方有太多悲傷的故事。我們遇到的法官有鐵面無私的封號，但我想，她看到我們的時候應該鬆了一口氣。我們來到她的面前，是因為我們想要成為一家人。

法官朗讀我們的領養聲明，先讀麥克斯的，然後是亞力克斯的。她讓孩子們代替她敲小木槌，使彼此的領養程序生效。查爾斯正式成為人父，兩個孩子再度有了爸爸。我簡直不敢相信。我經歷過太多黑暗的日子與無法成眠的夜晚，以致我從來不敢想像這一幕，至少我從來不覺得它會發生在我身上。多年來，我被最難解的數學題糾纏，得不出答案，而現在，這道難題在我眼前自動解開了。我們又是四個人了。

我們以一家人的身分，一起走下法院的台階。我們先到飯店辦理退房，然後去開車。查爾斯問兩個孩子，是否已經繫好安全帶。「繫好了，爸爸。」查爾斯發動引擎，朝著回家的方向駛去。陽光普照，萬里無雲。這個世界看不見一絲陰影。

查爾斯和我曾問兩個孩子，他們想要辦盛大的派對，邀請他們的朋友一起熱鬧慶祝，還是就我們四個人安靜的聚在家裡，坐在餐桌旁的四張椅子上，然後吃蛋糕。

他們選擇吃蛋糕。

•

查爾斯搬進這個他不熟悉的家之後，以低調的方式讓他自己覺得自在一點，這也展現了他的存在感。我用膠帶纏起來的電線還在玄關天花板懸盪，查爾斯很在意這件事，他覺得暨不美觀又可能發生危險。他問我，那個地方為何沒有燈具，於是我把孩子在那裡打鬥的事說給他聽，以及我擔心會發生孩子受傷或吊燈被打碎的悲劇，還有我是怎麼一個人把吊燈拿下來，外加我覺得自己既渺小又巨大的心情。在那之後，天花板就留下了一個洞。我不知道怎麼把洞補起來。

查爾斯總是聽得懂我的暗示。某天我去上班後，他立刻把握機會：他拿出梯子，把天花板切出一個洞，放入接線盒，把電線接妥，再接上新燈具。他裝的是內嵌式燈具，就算兩個孩子長高了也打不到。

我那天回家時，那盞燈是亮著的，燈的光亮把玄關染成橘黃色。光線溢到我們家的窗戶外，也灑在前門外的台階上。我走在家門前的步道時，可以感受到它的溫暖。我站在屋外，從窗戶望進屋內，凝視了好久，然後踏上台階，把門打開，迎來孩子的歡笑聲，以及晚餐的香味。

有時候，你需要黑暗才看得見東西。有時候，你需要的是光。

第二十一章

搜尋永不止息

二〇一七年八月，太空探索技術公司（SpaceX）經過多年的投入、盼望和努力，終於準備好要在佛羅里達州海岸，發射獵鷹九號運載火箭（Falcon 9）。火箭沒有搭載太空人，但它帶著阿斯忒里亞同行。

這趟旅程異常艱辛。相機的概念從我的腦袋誕生，然後來到設計與製造課，經過繪圖，製造出原型相機，再帶到新墨西哥州的廢棄飛彈基地進行測試，還曾經放在以守護者自居的瑪莉・克納普的飛機座位下方。然後，麻省理工學院的經費用完了，於是由德雷珀實驗室接手，因為它看上了這款相機的技術。繼麻省理工學院與德雷珀實驗室之後，第三棒是噴射推進實驗室，它一直對立方衛星的可能性充滿興趣，尤其是阿斯忒里亞。這個專案由三位麻省理工學院的畢業生主導，他們非常認真，因為他們親眼見證了它的重要性。他們的熱情與專長確保阿斯忒里亞能夠以對的方式製作出來，直到最後給小心翼翼的放進火箭，在夏季尾聲天氣晴朗的日子，來到了發射台上。火箭將進入太空，與國際太空站會合。太空站的太空人會在秋天釋出我們的迷你衛星。從我的夢想中的微小聲音，到進入太空，中間有著無數、漫長的計算，我不敢相信我們已經接近終點。我最近一次觀賞火箭升空時，見證了克卜勒送入太空。我們因為克卜勒找到了許許多多新的世界。

查爾斯和我本來打算去見證阿斯忒里亞升空。不過，升空日期因故延後幾天，我們的旅行與保母的安排無法配合。在火箭發射那天，我依舊搭火車到劍橋，步行到葛林大樓，搭電梯到十七樓上班。我經過那些太空旅行的海報，進入辦公室，然後把門關上。我一個人坐在那裡，開啟筆電，連上網路觀看直播。基於許多原因，這次的發射對許多人來說是大事。世界各地都有人目不轉睛的盯著安放在發射台上的火箭。

我的窗簾是拉開的，我偶爾會把目光焦點從電腦螢幕移到窗外的世界，從萬里無雲的佛羅里達，轉移到波士頓市中心的清晰街景。我所望之處皆是晴朗的天空。發射時間訂在中午十二點三十一分。

我大概花了三十分鐘，靜靜的寫感謝信給阿斯忒里亞團隊的成員。就在最後一刻，我決定先不要傳送這封信。我知道，迷信是不科學的行為。我也明白，不論棒球選手有沒有穿他的幸運內褲，他擊出安打的機率都取決於投手和他自己的表現。但火箭是精巧嬌貴、敏感難搞的機器。俄國人在哈薩克草原發射火箭之前，會請東正教神父為火箭助推器灑聖水，他的鬍子、斗篷和聖水隨風飄揚。我不會做那麼離譜的事，但我要等到火箭進入太空之後再發那封信。

我很驚訝，觀看發射倒數竟然會讓我如此緊張。倒數到零的時候，我的臉幾乎貼到了螢幕上，不明就裡的人可能以為我想要爬進螢幕裡的世界。在某種程度上，我確實有這個念頭。

發動機點火時，噴出了巨大的火焰。發射塔倒下，火箭開始脫離發射台。在升空的頭幾秒，火箭上升的速度慢到令人捏一把冷汗。它比較像是貨櫃船航行出港的情景。但在幾秒鐘之後，獵鷹九號開始往上飛，上升路徑稍微有點彎曲，朝著未來的軌道挺進。火箭上的攝影機記錄了它的弧形軌跡。幾秒鐘之後，它四周的天空從藍色變成紫色，再變成黑色。火箭已經進入太空。助推器脫落，火箭繼續爬升，進入深邃的黑暗太空，它的前方是深不可測的黑暗世界，藍色的地球則變成了背景，讓它拋在腦後。它需要一點時間才能追趕上太空站。太空站以時速二萬七千六百公里（大約是每秒八公里）的速度運行，我們的火箭和衛星正穩穩的朝著與它會合的方向前進。

我心想：**所有的勇敢行為都必須有個起頭。**

•

不是所有的勇敢行為都必須結束。

二〇一六年底，在我和查爾斯結婚之後、我們的衛星發射之前，《紐約時報雜誌》（*The New York Times Magazine*）刊登了一篇關於我的詳細介紹。我覺得很榮幸，同時對內容有些擔心。要將自己的事公諸於世，對我來說仍然有些困難。那期雜誌出刊之後，我認識的人對我說，他們很意外我竟然揭露了這麼多私事。有同事對我說：「莎拉，你透露了很多個人隱私。」他說的沒錯，確實如此。有個好朋友為此憤憤不平：「那個記者太超過了。」我想，我所有的祕密都公開了。

但那篇介紹也讓我對自己有進一步的了解。鮑伯．威廉斯看了那篇文章之後，寫了電郵給我。他的太太是資歷豐富的自閉症專家，她從字裡行間看出了一些端倪。她大老遠就能看出某個人有沒有自閉疾患。他們走路的方式、手擺動的方式和一般人不同，而且通常是獨自一人。若近距離觀察，跡象就更明顯了：長時間不眨眼、單一的語調，對機器和事物的運作方式非常執著，以及驚人的專注力。

鮑伯寫道，她認為你有自閉症。我認識的人當中，沒有一個人的專注力像你一樣強。我告訴他，他太太弄錯了，我不可能有自閉症。我已經不是小孩子了，我不可能沒有這麼基本的自我認識。我小時候頂多有人說「古怪」，長大後有人用「奇怪」來形容。我來來回回與鮑伯通信。我最後還是去找專門診斷精神疾患的專家，她確認了鮑伯和他太太的看法。這是我第一次真正看清自己。

我難以描述，發現這個事實是什麼感覺。我覺得那種衝擊像是身體給什麼東西打到一樣。我人生中的很多事情開始講得通了。我回想起自己的孤獨童年，對開闊空間的渴求，對空曠之處蘊藏的奧祕充滿嚮往，與他人連結總是那麼難，當我試著和別人說話時，對方看我的眼神，還有我對邏輯與星星的熱愛，以及我拒絕相信，人類是宇宙裡唯一的生物。

原來如此。原來如此。

有時候，我們認為我們知道要找什麼，以及要去哪裡找，結果事與願違。有時候，我們知道我們想找什麼，我們認為我們掌握了對的方法，但我們仍然不知道能不能找到，就像阿斯忒里亞與另一個地球的例子。有時候，如同查爾斯和我的情況，我們找到了自身在這個世界上尋找的大部分東西，而我們可能永遠不明白，自己是如何找到、或為何要找那些東西。

還有些時候（假如我們真的很幸運），或許在一生中有那麼一、兩次，我們找到了自己甚至不知道自己需要的東西。

我開始思索，那是不是最棒的一種學問：意外與必要的成分一樣多的真相，也就是偶然必然性。那不是最令人興奮的探索形式嗎？它比沒有答案的問題更令人滿足，也比沒有後果的答案更加深刻。我們從來沒想到要問、卻得到了答案，世上還有任何事情比這更有突破性嗎？

宇宙裡有其他生物嗎？我一直認為，那是我需要回答的問題。也許我一直想錯了。也許想要看見宇宙裡最微弱的光亮，重點不在於我們會遇見誰。也許外星人長什麼樣子、他們採取哪一種生命形式，一點也不重要。也許我們要尋找的目標不應該是他們。

也許從一開始就不是。

我相信宇宙裡有其他生物嗎？

是的，我相信。

更好的問題是：我們尋找宇宙其他生物這件事，透露了哪些關於我們自己的事？它透露了：我們有好奇心，我們懷抱盼望，我們有能力心生疑惑與做出奇妙美好的事。

每個望遠鏡裡都有一面鏡子，這並非偶然。假如我們想要找到另一個地球，那代表我們想要找到另一群人類。我們覺得自己是值得了解的。我們想要成為別人天空裡的一道光亮。只要我們持續尋找彼此，就永不孤單。

謝辭

克里斯・瓊斯（Chris Jones）在《紐約時報雜誌》為我寫的文章，初次將我的生平公諸於世。我想謝謝他撰文的用心與體貼，也感謝他對本書的協助。

克里斯與我透過6th & Idaho製片公司的麥特・李維斯（Matt Reeves）、拉菲・克羅恩（Rafi Crohn）與亞當・卡山（Adam Kassan）結識的過程，奇妙到連我也說不清楚。創新藝人經紀公司（Creative Artists Agency, CAA）的作家經紀人莫莉・葛利克（Mollie Glick）也在我探索嶄新的寫作世界時，給予我許多重要的協助。我對於他們的出手相助充滿感激。

對於王冠出版集團（Crown），我想感謝瑞秋・克雷曼（Rachel Klayman）看見本書的潛力，以及吉莉安・布雷克（Gilian Blake）、梅根・豪瑟（Meghan Houser）與勞倫斯・克勞瑟（Lawrence Krauser）的指導與細心編輯，馬克・貝奇（Mark Birkey）精心的製作編輯，艾蓮娜・吉瓦迪（Elena Giavaldi）的美麗封面設計，以及葛妮絲・史坦菲爾德（Gwyneth Stansfield）與瑞秋・奧德瑞奇（Rachel Aldrich）的全球經銷。

貝絲與威爾在書中出現的篇幅不多，但他們在我的人生中扮演了非常重要的角色。我想要對他們的愛與寬厚致上最深的感謝之意。在我們一家人最需要的時候，他們的聖誕樹農場為我們提供了安全的避難所

我何其幸運，擁有不只一個避難所。我對麻省理工學院的同事、博士後研究員與學生的感激，已無法言喻。若沒有他們，我可能無法走出人生的傷痛。我也從麻省理工學院的校友，得到了如同父親般的長輩與朋友給我的慷慨大力支持。噴射推進實驗室與諾斯羅普格羅曼公司以及全國各地的優秀科學家與工程師，是我無比欽佩的一群人，他們為了蔽星板計畫與其他太空任務不遺餘力。有一天，我們會找到我們最想看見的東西。

我也一定要感謝康科德的寡婦姊妹淘。謝謝你們無可比擬的理解、堅定不移的支持，以及無懈可擊的時尚建議。在我此生最需要幫助的時候，你們向我伸出了援手。我永遠不會把你們的友情視為理所當然。

潔西卡、薇若妮卡、戴安娜和克莉絲汀：你們永遠是我們的家人。

麥克斯和亞力克斯這兩個最棒的兒子，謝謝你們的耐心，以及你們為我的生命帶來的喜悅。我以你們為榮。

查爾斯．達羅：謝謝你那天在雷霆灣的沙拉吧前，主動向我做自我介紹，在那之後的每一天，我都得到你的拯救。我會永遠愛你。

國家圖書館出版品預行編目 (CIP) 資料

宇宙裡的微光 : 一位天文學家探尋星空與自我的生命之旅 / 莎拉 . 西格 (Sara Seager) 著 ; 廖建容譯 . -- 第二版 . -- 臺北市 : 遠見天下文化出版股份有限公司 , 2023.11

面 ; 公分 . -- (科學文化 ; 234)

譯自 : The smallest lights in the universe : a memoir

ISBN 978-626-355-537-2(平裝)

.CST: 宇宙 2.CST: 天文學 3.CST: 科學家 4.CST: 傳記

323.9 112019718

科學文化 234

宇宙裡的微光

一位天文學家探尋星空與自我的生命之旅

The Smallest Lights in the Universe: A Memoir

（原書名：尋找太陽系外的行星）

原　　著 —— 莎拉・西格（Sara Seager）
譯　　者 —— 廖建容
科學叢書顧問群 —— 林和（總策劃）、牟中原、李國偉、周成功

總 編 輯 —— 吳佩穎
編輯顧問 —— 林榮崧
責任編輯 —— 吳育燐、陳雅茜
美術設計 —— 蕭志文
封面設計 —— 謝佳穎

出 版 者 —— 遠見天下文化出版股份有限公司
創 辦 人 —— 高希均、王力行
遠見・天下文化 事業群榮譽董事長 —— 高希均
遠見・天下文化 事業群董事長 —— 王力行
天下文化社長 —— 林天來
國際事務開發部兼版權中心總監 —— 潘欣
法律顧問 —— 理律法律事務所陳長文律師　著作權顧問 —— 魏啟翔律師
社　　址 —— 台北市 104 松江路 93 巷 1 號 2 樓
讀者服務專線 —— 02-2662-0012　傳真 —— 02-2662-0007；02-2662-0009
電子郵件信箱 —— cwpc@cwgv.com.tw
直接郵撥帳號 —— 1326703-6 號 遠見天下文化出版股份有限公司

電腦排版 —— 蕭志文
製 版 廠 —— 東豪印刷事業有限公司
印 刷 廠 —— 祥峰印刷事業有限公司
裝 訂 廠 —— 台興印刷裝訂股份有限公司
登 記 證 —— 局版台業字第 2517 號
總 經 銷 —— 大和書報圖書股份有限公司 電話／ 02-8990-2588
出版日期 —— 2021 年 1 月 29 日第一版第 1 次印行
2023 年 12 月 20 日第二版第 1 次印行

定價 —— NTD 500 元
書號 —— BCS234
ISBN —— 978-626-355-537-2 ｜ EISBN 9786263555303（EPUB）；9786263555297（PDF）

天下文化官網 —— bookzone.cwgv.com.tw

天下文化

BELIEVE IN READING